高等学校遥感科学与技术系列教材

武汉大学规划教材建设项目资助出版

传感器网络原理与应用

于子凡　邬建伟　桂志鹏　编著

孟令奎　主审

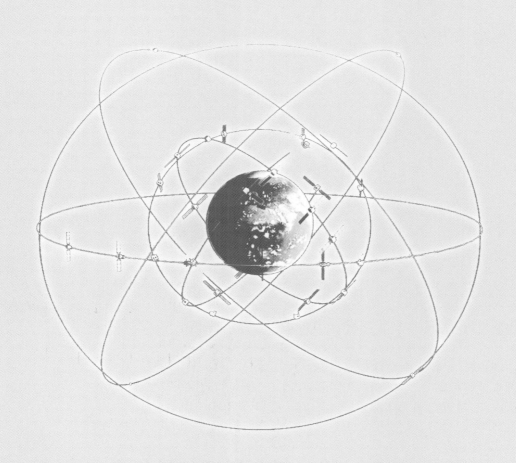

WUHAN UNIVERSITY PRESS

武汉大学出版社

图书在版编目(CIP)数据

传感器网络原理与应用/于子凡,邬建伟,桂志鹏编著.—武汉:武汉大学出版社,2024.2
高等学校遥感科学与技术系列教材
ISBN 978-7-307-24257-9

Ⅰ.传…　Ⅱ.①于…　②邬…　③桂…　Ⅲ.无线电通信—传感器—高等学校—教材　Ⅳ.TP212

中国国家版本馆 CIP 数据核字(2024)第 019669 号

责任编辑:杨晓露　　　　责任校对:李孟潇　　　　版式设计:马　佳

出版发行:**武汉大学出版社**　　(430072　武昌　珞珈山)

(电子邮箱:cbs22@whu.edu.cn 网址:www.wdp.com.cn)

印刷:武汉科源印刷设计有限公司

开本:787×1092　1/16　　印张:12.5　　字数:293 千字　　　插页:1

版次:2024 年 2 月第 1 版　　　2024 年 2 月第 1 次印刷

ISBN 978-7-307-24257-9　　　　定价:42.00 元

高等学校遥感科学与技术系列教材

编审委员会

序

遥感科学与技术本科专业自 2002 年在武汉大学、长安大学首次开办以来，截至 2022 年底，全国已有 60 多所高校开设了该专业。2018 年，经国务院学位委员会审批，武汉大学自主设置"遥感科学与技术"一级交叉学科博士学位授权点。2022 年 9 月，国务院学位委员会和教育部联合印发《研究生教育学科专业目录(2022 年)》，遥感科学与技术正式成为新的一级学科(学科代码为 1404)，隶属交叉学科门类，可授予理学、工学学位。在 2016—2018 年，武汉大学历经两年多时间，经过多轮讨论修改，重新修订了遥感科学与技术类专业 2018 版本科人才培养方案，形成了包括 8 门平台课程(普通测量学、数据结构与算法、遥感物理基础、数字图像处理、空间数据误差处理、遥感原理与方法、地理信息系统基础、计算机视觉与模式识别)、8 门平台实践课程(计算机原理及编程基础、面向对象的程序设计、数据结构与算法课程实习、数字测图与 GNSS 测量综合实习、数字图像处理课程设计、遥感原理与方法课程设计、地理信息系统基础课程实习、摄影测量学课程实习)，以及 6 个专业模块(遥感信息、摄影测量、地理信息工程、遥感仪器、地理国情监测、空间信息与数字技术)的专业方向核心课程的完整的课程体系。

为了适应武汉大学遥感科学与技术类本科专业新的培养方案，根据《武汉大学关于加强和改进新形势下教材建设的实施办法》，以及武汉大学"双万计划"一流本科专业建设规划要求，武汉大学专门成立了"高等学校遥感科学与技术系列教材编审委员会"，该委员会负责制定遥感科学与技术系列教材的出版规划、对教材出版进行审查等，确保按计划出版一批高水平遥感科学与技术类系列教材，不断提升遥感科学与技术类专业的教学质量和影响力。"高等学校遥感科学与技术系列教材编审委员会"主要由武汉大学的教师组成，后期将逐步吸纳兄弟院校的专家学者加入，逐步邀请兄弟院校的专家学者主持或者参与相关教材的编写。

一流的专业建设需要一流的教材体系支撑，我们希望组织一批高水平的教材编写队伍和编审队伍，出版一批高水平的遥感科学与技术类系列教材，从而为培养遥感科学与技术类专业一流人才贡献力量。

2023 年 2 月

前　言

在地理信息与国情监测领域，有很多环境参数需要长时间、连续监测。传统的做法是设置观测仪器，人工定期巡查、记录数据，费时费力。传感器网络以不惧恶劣环境、贴近监测对象、能够连续监测、自动化传输数据、省时省力、观测值准确等优点，日益受到地理信息与国情监测领域的重视，已经成为环境监测工作中重要的监测工具。与之对应，地理信息与国情监测行业对能够根据工作需求，建立、应用、管理传感器网络的专业人才需求越来越迫切。因此，地理信息与国情监测专业的本科学生有必要学习必要的传感器网络知识。

传感器网络还是整个信息化社会的共同需求。监控摄像系统，汽车 ETC 系统，智能公交系统，智能电表、天然气表系统等信息化系统，背后都有传感器网络技术的支持。实现全社会信息化智能化管理，有赖于能够实时监测的各种类型传感器，有赖于连接传感器并传输传感器所采集数据的传感器网络。可以预见，随着信息化水平的持续提高，未来各种传感器会出现在社会的各个地方，是实现各种传感器网络全覆盖的社会。传感器网络技术必将有一个大规模的应用和发展，并将改变人们的生活方式。

传感器网络是一个新兴的包含着多学科的技术。电子工程专业在各种类型的传感器开发方面具备优势；计算机工程专业在开发、组建高质量、高效、易用的网络方面具备优势；物联网专业对传感器网络应用有大量需求，但更多地使用 RFID、条形码、二维码、指纹识别、人脸识别等广泛意义下的传感器。这些专业研究人员编写出版了很多传感器网络方面的教材，但都偏向各自专业的研究应用内容。和其他专业相比，测绘与地理信息工程专业是传感器网络天然的大用户，在传感器网络应用方面具有巨大需求，再加上原本就在地理数据采集、处理、应用方面以及电子地图制作方面具备丰富经验，在巨大应用需求的引领下，我们一定能够充分发挥传感器网络应用潜力、为信息化社会建设开创新局面。我们专业的优势在于既有应用需求，又具备软件开发能力；劣势在于硬件知识和硬件应用经验的欠缺，但这个劣势随着硬件的集成化、模块化以及使用的标准化等方面的全面进步而越来越淡化。硬件的使用不再是高不可攀。只有我们拓展一些硬件知识，就能够具备开发传感器网络应用的硬件基础。为了满足本专业的应用需求，为了拓展今后的就业范围，本专业的本科学生有必要学习一些传感器网络基础知识。

本书的宗旨在于为地理信息和国情监测专业学生介绍传感器网络方面的知识，目标是如何根据需求建设一个以环境监测为目的的传感器网络，并应用传感器网络采集环境数据。重点在于怎样建立、如何应用、管理传感器网络。因此，对于传感器网络知识介绍只涉及网络的基本概念、原理、常用协议的工作机制，不对其细节、优劣做深入细致的分析，目的是将关注的重点集中在传感器网络应用上。

1

　　全书共分为7章。1~3章属于传感器网络基本知识部分，介绍各种类型传感器部件及传感器网络基础知识。第4章介绍一种技术成熟、应用较广、产品软硬件技术支持丰富的传感器网络——ZigBee网络，具体内容包括ZigBee网络的基础知识、常用参数、支持其组网的协议栈以及ZigBee网络组网方法。第5章全面、深入、详细地介绍了ZigBee网络的组网开发实践，内容包括实验软硬件器材的介绍，ZigBee传感器网络参数的设置方法，ZigBee网络传感器节点程序的编制和传感器节点程序烧写方法，网络硬件器材的检验方法，ZigBee网络的组网方法，数据采集客户端程序的编制、修改方法，环境数据实际采集实践，采集的环境数据内业处理方法等，内容涵盖组网实践的全过程。第6章介绍基于物联网技术进行传感器网络组网的基本知识，包括物联网组网技术核心——M2M技术介绍，无线接入蜂窝网介绍，物联网环境下的节点连接硬件器材——数据传输单元介绍，以及当前常用来组建传感器网络的窄带低功耗无线接入网络LoRa网和NB-IoT网介绍。第7章介绍当前基于物联网技术建立传感器网络的实践操作方法。

　　本书第1~2章由邬建伟编写，第6章由桂志鹏编写，其余章节由于子凡编写，全书统稿由于子凡完成。武汉大学孟令奎教授对全书做了细致的审阅，并提出了很好的修改意见。武汉大学出版社编辑杨晓露为本书做了大量的订正工作。在此，编者向所有为本书成书及出版作出贡献的人表示衷心感谢。

　　本书各章附有习题，题目内容围绕本章重点内容设置，期望能够帮助读者加强对重点内容的学习和掌握。

　　本书可作为以环境监测应用为主的地理信息与国情监测专业本科生的传感器网络课程学习教材，也可以作为环境监测传感器网络建设参考书。

　　由于编者水平有限，书中定有很多不足和缺憾，敬请读者在阅读过程中及时加以批评、指正！

编　者

2023年6月于武汉大学

目　　录

第1章　传感器网络概述

现代传感器网络是伴随着技术的发展和应用需求而逐步形成的。

传感器是能够在自然界中感受到规定的被测物理量，并按照一定的规律将被测量转换成可用信号的硬件电子器件或装置。例如，就监测环境参数而言，传感器是能够测量周边一定范围内温度、湿度等环境参数，并用数据形式表示、输送出来的电子设备。传感器早就应用于各地气象台站，以完成气象监测任务。

随着通信技术、嵌入式技术、传感器技术的飞速发展和日益成熟，具有感知能力、计算能力、存储能力和通信能力的微型电子设备开始出现。首先出现的是能够监测某种类型、能够在一定范围内采集、监测被测物理量、使用方便的传感器部件。无线通信技术与硬件集成技术相结合，发展出能够在彼此之间进行无线通信的数据传输单元 DTU（Data Transfer Unit）。将传感器部件和 DTU 进行接口标准化改造，就可以将传感器与 DTU 方便地连接起来，形成既能够自动采集数据、又能够使用无线通信方式自动传输数据的传感器节点。这就免除了人工反复巡回抄写数据的麻烦，极大地方便了传感器的应用，因而拓展了传感器应用领域。

采集数据能够自动传输，使环境数据的采集不再局限于一个点，只要多布置一些传感器节点，并且布设合理，就不仅可以采集一个点的数据，还可以完成对一个面的数据自动采集，从而实现对一个监测区的自动监控。

随着应用的深入，不仅要求每个传感器节点独立工作，还要求多个传感器节点相互配合，共同完成更复杂的工作。这就要求传感器节点之间能够相互通信、交换数据，能够存储程序、运行程序，进行数据处理，也就是要求组成传感器节点的 DTU 部件不仅具有无线通信能力，还要具备数据处理能力，成为一个智能化的电子设备。

嵌入式技术和集成技术的结合，使得多种功能的部件能够集成在一起，形成功能更为强大的部件；进一步地，将无线通信部件、CPU、存储器、标准接口、辅助控制电路、电源支持电路以及操作系统、应用软件等必要的软硬件集成在一起，就形成了符合传感器节点要求的智能化 DTU 部件。智能化 DTU 部件与传感器部件相连，就成了智能化传感器节点。

在一个智能化 DTU 中，硬件包含 CPU、存储器，软件包含操作系统、应用程序，成为一个小型的专用计算机。智能传感器节点在内嵌操作系统的统一指挥下，使用传感器部件采集环境参数，使用 DTU 中的无线通信部件，以无线通信的方式向处理中心传输采集到的环境参数。这样，使用传感器节点就可以实现一种新型的环境数据采集方法。它是自动的、连续的、不惧环境恶劣的、廉价的方法，为许多日常的环境监测工作提供了一种新方法。

　　一个传感器节点感知监测范围有限，但只要传感器节点足够多、布置密度足够大，就能实现一个区域监测的全覆盖，这样，传感器网络应运而生。在一个传感器网络中，所有传感器节点需要组织起来，形成一个整体，协作工作，网络中的组织协调工作成为传感器网络的重要工作内容。当这些组织协调功能以协议的形式固定下来，管理、应用软件加以标准化、模块化，形成完备的协议集，一个新的技术领域——无线传感器网络就诞生了。传感器网络不仅可以用作一个监测区域内静态环境参数的监测，还可以通过多个传感器节点的协调、同步工作，监测区域内的动态运动目标的运动状态。

　　一种传感器只能感知一种物理量，不同的环境物理量的感知需要不同种类的传感器。硬件技术的进步使当前传感器种类繁多，能够满足各种需要，即使找不到合适的传感器，现有技术也具备根据需要开发新型传感器的能力。因此，可监测的目标是丰富的，也意味着传感器网络的应用范围是极其广泛的。

　　传感器网络的监测具有能在很多场合，尤其是人迹罕至或无法停留的恶劣环境中进行实时、连续不断监测的优点，因而引起人们广泛的重视和极大的研究、应用热情。目前，遍布城市的摄像头监测系统，就是一种传感器网络的应用。随着电子设备的发展，传感器监测的种类一定会越来越多，因此，传感器应用的场合一定会越来越多，今后的社会一定是遍布各种传感器的社会。

　　传感器网络的强大作用使其赢得人们的高度评价。传感器网络在国际上被认为是继互联网之后的第二大网络。1999 年，美国《商业周刊》杂志将传感器网络列为 21 世纪最具影响的 21 项技术之一。2002 年，美国国家重点实验室橡树岭实验室提出了"网络就是传感器"的论断。2003 年，美国《技术评论》杂志评出对人类未来生活产生深远影响的十大新兴技术，传感器网络被列为第一。我国于 2006 年发布的《国家中长期科学与技术发展规划纲要》，为信息技术确定了三个前沿方向，其中有两项就与传感器网络直接相关，这就是智能感知和自组网技术。在现代意义的传感器网络研究及其应用方面，我国与发达国家几乎同步启动，它已经成为我国信息领域位居世界前列的少数方向之一。

　　传感器网络可以利用现有的计算机网络实现远距离的数据传输。因此，5G 网络的普及以及计算机网络技术的广泛应用和发展，为传感器网络技术的发展奠定了坚实的物质基础，未来的世界，必定是被传感器覆盖的世界，是网络和传感器的天下。学习和掌握传感器网络技术，有助于我们拓展专业应用领域，在未来的工作和发展中处于一个有利的地位。

1.1　什么是传感器网络

1.1.1　传感器网络定义

　　传感器网络是大量静止或移动的传感器节点以自组织和多跳的方式构成的无线网络，目的是协作地探测、处理和传输网络覆盖区域内感知对象的监测信息，并报告给用户。

　　传感器网络物理结构如图 1-1 所示。

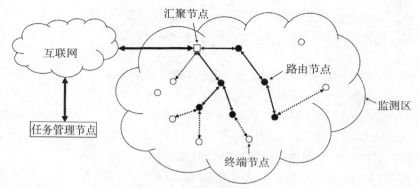

图 1-1　传感器网络物理结构

结合传感器网络定义和图 1-1，有以下几点说明：

（1）传感器网络硬件部分，是由部署在监测区域内、大量的传感器节点组成。所能看到的传感器网络就是散布在监测区域中的一个个各自独立的传感器节点。

（2）传感器节点具有感知功能，能感知其周边局部区域中目标的某种特性或参数，例如温度、湿度、空气中 $PM_{2.5}$ 含量、水中叶绿素浓度等环境参数。具体感知哪一种环境参数，取决于传感器部件的感知功能。

（3）一个传感器节点的感知范围有限，但只要传感器节点的分布密度足够，整个监测区就能够无缝隙地被监测。只要将所有传感器节点的感知数据及时汇总，就能够实现对整个监测区域不间断的监测。传感器节点的分布是密集的。

（4）传感器节点根据其作用可以进一步细分为汇聚节点、路由节点、终端节点。

（5）每个传感器网络都有一个且只有一个汇聚节点，汇聚节点是传感器网络与外界联系的网关。

（6）路由节点形成数据通道，作用是向上级父节点转发下级子节点发来的数据。在一些传感器网络中，路由节点只负责传输数据，没有采集环境数据的任务。而在大多数传感器网络中，路由节点不仅要传输数据，还要采集环境数据。

（7）终端节点在网络结构中处于末端，没有自己的下级子节点，不需要为其他节点传输数据。终端节点分为两种，一种称为传感器，负责采集环境数据并向应用服务器发送所采集的数据；另一种称为执行器，负责接收并执行应用服务器发来的执行指令。有了执行器节点，传感器网络功能大大扩展。例如，智慧农业传感器网络中，湿度传感器节点发现旱情并以环境数据形式将这一信息发给应用服务器；应用服务器向附近的执行器节点发出指令，令其打开抽水机消除旱情。应用服务器还可以通过湿度传感器节点发来的最新数据，及时下令关闭抽水机，避免泛滥。一个传感器网络中数量最多的就是终端节点，它们是传感器网络的触角，路由节点、汇聚节点都是为终端节点服务的。

（8）终端节点是环境数据产生的源头，也是指令传输的目的地。多数传感器网络中，路由节点和终端节点软硬件组成完全一样，只是在网络经过自组织构成网络以后，有的末端，只负责采集环境数据；有的节点处于数据传输通道的中间环节，不仅要采集环境数据，还要担负将下级节点数据传输给上级节点或将上级节点下发的指令传输给下级节点的

3

传输数据工作。路由节点处于数据传输路径的中间，不仅采集数据，还要作为二传手进行数据传输。由于路由节点工作量更大，也有一些传感器网络专门布置一些功能更强的节点担任路由节点。

（9）整个网络感知数据的汇总由汇聚节点完成。汇聚节点可以与一台计算机直接相连，也可以通过互联网与一台远程计算机相连（如图 1-1 所示）。这台计算机就是任务管理节点，它是用户使用的、用来接收传感器网络监测数据的计算机。用户还可以使用任务管理节点，通过汇聚节点，利用数据传输通道向每个传感器网络节点下达任务指令，指挥传感器网络工作，管理传感器网络。这也是该计算机被称为任务管理节点的原因。

（10）传感器网络中的节点都以无线非定向方式向外发出通信电波，如果发射功率足够，所有其他节点都能接收到一个节点发出的数据。但节点自带电池，发射功率越大，耗电量越大，电池使用时间越短。一个传感器网络往往节点数量众多，又可能布置于人迹罕至的恶劣环境中，人工为节点更换电池十分困难，甚至不可能。因此，传感器节点一般是一次性的，电池的使用寿命决定了一个节点的生命周期，进而影响整个网络的生命周期。即使有的网络可以人工更换电池，为了拉长更换周期，减少更换次数，节点也应该以尽可能节省电能的方式工作。为了降低电能消耗，每个传感器节点都会调整发射功率，在保证数据能够传输到周边的一个或少数几个路由节点的前提下，尽可能以最小的发射功率工作。因此，对于每个节点，其发送功率只保证附近的少数路由节点能够接收到发射信号。

（11）传感器网络在正式工作前，有一个自组织网络的过程。在网络自组织过程中，传感器网络从汇聚节点开始发出信标信号，周边接收到信号的路由节点通过记录汇聚节点编号与自己的节点编号（传感器网络中的每个节点都有一个独一无二的网络编号）而建立并记录自己与汇聚节点一对一的通信关系，成为汇聚节点的下级，并将记录的通信关系汇报给汇聚节点。成为汇聚节点的下级后，路由节点向周边发出信标信号，将还未建立任何通信关系的周边路由节点和终端节点发展为自己的下级节点。如此重复，直到找不到下级节点为止。没有建立通信关系的节点，也会向周边发出信标信号，寻找已经建立通信关系的一个周边路由节点作为自己的上级节点。这种寻找、建立通信关系的过程就是传感器网络的自组织网络过程。该过程持续进行，直到所有节点都有了自己的通信关系，传感器网络内部就形成了连接所有节点的数据传输通道，整个网络自组织完毕。

（12）自组织建立的网络是一个树形网络，其中汇聚节点是树根，有下级节点的路由节点是树枝，无下级节点的终端节点是树叶。树叶节点是终端节点（图 1-1 中的空心圆圈），它的任务是采集环境数据，然后通过它的上级路由节点传输给汇聚节点。路由节点（图 1-1 中的实心圆圈）的首要任务是为下级节点传输环境数据，有的网络中，路由节点也连接传感器部件来采集环境数据。所有的环境数据都会传输到汇聚节点（图 1-1 中的空心方框），由它直接或通过互联网的间接方式交付给任务管理节点。任务管理节点也可以通过汇聚节点，以反向传输的方式，将用户指令发给每个路由节点和终端节点。

（13）传感器节点是通过"多跳"传输方式，最终将数据传输到汇聚节点。"多跳"是指传感器节点在实际传输数据时，需要经过若干个路由节点接力传输到达汇聚节点。

由上述分析，我们还可以看到，传感器节点不仅要感知、传输环境数据，还要建立和保存节点之间的连接关系，根据通信距离调整通信功率，接收并执行用户指令。传感器节点之间还需要协同工作完成整个网络的自组织和多跳方式的数据传输。这些工作，绝不是传感器部件和通信部件所能完成的。事实上，传感器节点还包含处理部件和能量管理部件，处理部件中包括 CPU、内存和外存，在外存中存放一个小型操作系统软件。在节点工作期间，该操作系统被读入内存并接管传感器节点的所有软硬件的管理和工作。一个传感器节点就是一个小型的计算机系统，传感器网络就是许许多多这样的小型计算机系统组成的一个网络。

1.1.2　传感器网络物理结构

通过以上分析，我们可以对传感器网络的物理结构做一个总结。

传感器网络是由若干个传感器节点组成的。传感器节点有三种类型：汇聚节点、路由节点和终端节点。就传感器网络本身而言，传感器网络由一个汇聚节点、若干个路由节点和终端节点组成。

形象地说，传感器网络就像一个八爪鱼，将大量触角伸出去了解周围情况。终端节点是触角的顶端，感知一个点的情况；整条触角由若干个路由节点组成，以多跳方式传输感知信息；汇聚节点是所有信息的汇集点，由它将信息汇总交付任务管理节点；任务管理节点是八爪鱼的大脑，负责接收信息、处理信息，并据此发出回应指令。

1. 汇聚节点

与外界连接的传感器节点称为汇聚节点，又称为网关节点，其作用是将传感器网络收集的监测区信息汇聚起来，交给外界。

汇聚节点是传感器网络的中心，所有传感器节点获取的数据都要传递给汇聚中心，连接传感器节点与汇聚节点的数据通道是依据传感器节点与汇聚节点的远近而自组织建立起来的。

汇聚节点没有采集周边环境参数的任务，它的任务是与作为任务管理节点的计算机之间传输数据或指令，具有与其他节点进行无线通信的能力。汇聚节点和任务管理节点直接连接，或通过互联网间接连接。一方面，汇聚节点将环境监测数据交给计算机，并通过互联网将数据最终传递给观察者；另一方面，观察者对传感器网络下达的指令通过互联网交给计算机，再通过汇聚节点传递给网络中的传感器节点。

2. 路由节点

路由节点是传感器网络中的传输节点，路由节点与路由节点之间的所有传输通道构成了传感器网络骨架。每一个传感器节点与最近的一个路由节点建立传输通道，将自己挂入网络。路由器节点的主要任务是传输数据，有些网络的路由节点本身也可以连接传感部件，采集它周边的环境数据。

由相同类型的节点构成的传感器网络是同构传感器网络。在同构传感器网络中，路由节点与传感器节点硬件配置完全一样，之所以成为路由节点，是因为在自组织过程中先于周边节点被选中成为路由节点。

路由节点无论是担负数据传输任务和数据采集任务，还是单纯地只担负数据传输任务，其工作强度都大于普通传感器节点。为了避免节点电池耗尽而导致节点失效，很多传感器网络都采用轮流担任路由节点任务的方式，即在下一轮的网络自组织过程中，不再选择担任过路由节点的节点成为新的路由节点。

路由节点工作任务繁重，为了提高整个网络的性能，有些网络选用专用的、硬件配置更高的节点专门担任路由节点。

由不同类型的节点构成的传感器网络是异构传感器网络。当然，异构传感器网络不仅仅路由节点和传感器节点类型不同，传感器节点之间的类型也可以不同，一个实用的传感器网络往往需要使用多种不同类型的传感器节点，完成各种不同的任务。

3. 终端节点

终端节点担负传感器网络最基本的环境数据采集任务，由于这种数据采集是每隔一个短小的时间周期进行，可以明确获取环境状态变化情况，因此可以视为环境监测任务。严格地说，终端节点采集的是传感器触点处的环境数据，但因为触点周边小范围内的环境数据相同或差别很小，触点处的环境数据可以代表以终端节点为中心的一小片区域的环境状态，因此，我们说一个终端节点监测一小片区域。对于一个监测区，只要传感器网络节点分布足够密集，传感器网络就能监测整个监测区的环境状态。

终端节点与最近的路由节点建立连接通道，从而与汇聚节点建立了逻辑通道，通过这种逻辑通道，将采集的环境数据传输给汇聚节点。汇聚节点也是通过这种逻辑通道，将任务管理节点发来的指令传输给终端节点。

从更广泛的意义上来说，传感器、感知对象和观察者构成了传感器网络的三个要素。

观察者或者传感器网络用户使用计算机来获取传感器网络采集的环境数据，又通过计算机向传感器网络下达指令。观察者使用的计算机称为任务管理节点，任务管理节点是环境数据的传输目的地和发出指令的源头。任务管理节点通过互联网和汇聚节点相连，也可以通过有线、无线方式与汇聚节点直连。任务管理节点可以不止一个，任何获取权限的用户都可以用自己的计算机通过互联网来操作传感器网络。

感知对象种类繁杂，可以是一个单独的目标，也可以是一个区域中的某些属性值，一切值得观察的目标、事物都能成为感知对象。正是因为感知对象丰富，传感器网络的应用范围极其广阔，发展前景一片光明；也正是因为感知对象形式多样，传感器网络难以用一种相对统一、结构规范的网络形态描述，随着应用场合的不同，传感器网络结构、形式都可能存在巨大差异。

1.1.3　无线传感器网络特点

传感器网络的本质就是由传感器不间断地持续采集环境数据，并通过无线方式将数据传输回来。传感器网络最大的特点就是网络的结构、组成、作用与具体应用紧密相关，不同的应用，不同的监测目标，不同的监测参数，使得不同的传感器网络在组成形式上存在巨大差异。这使得我们总结的传感器网络的特点不一定符合所有的传感器网络。但这并不影响我们通过总结其特点，进一步了解传感器网络。基于这样的目的，人们对传感器网络的特点进行了总结。

1. 大规模

传感器网络的大规模性包括两方面的含义：一方面是传感器节点分布在很大的地理区域内，即监测区范围很大，传感器网络覆盖范围很大，如在原始大森林采用传感器网络进行森林防火和环境监测，需要在广阔的区域部署大量的传感器节点。另一方面，传感器节点部署很密集，即使在面积较小的空间内，也密集部署了大量的传感器节点。

传感器网络的大规模性具有如下优点：

（1）大范围的网络使观察者以较小的代价、较低的成本，在远程实现近距离、大范围的实时监测，获得较准确的观察结果；

（2）通过不同空间多个视角获得的信息具有更大的信噪比；

（3）通过分布式处理大量的采集信息能够提高监测的精确度，降低对单个传感器节点的精度要求；

（4）大量冗余节点的存在，使得系统具有很强的容错性能；

（5）大量节点能够增大覆盖的监测区域，减少洞穴或者盲区。

因此，为了获取精确信息，实际的网络在监测区域通常部署大量传感器节点，可能达到成千上万。

2. 自组织

在传感器网络应用中，很多情况下传感器节点被放置在没有基础结构的地方，传感器节点的位置不能预先精确设定，节点之间的相邻关系预先也不知道，如通过飞机播撒大量传感器节点到面积广阔的原始森林中，或随意放置到人不可到达或危险的区域。这样就要求传感器节点具有自组织的能力，能够自动进行配置和管理，通过拓扑控制机制和网络协议自动形成转发监测数据的多跳无线网络系统。

由于传感器网络节点数量巨大，布置在恶劣区域的传感器节点也很难取回维修，传感器节点往往是一次性的，需要自带电池，电池的使用时间决定了传感器节点的使用寿命。在传感器网络使用过程中，部分传感器节点由于能量耗尽或环境因素造成失效，也有一些节点是在实际布网之后为了弥补失效节点、增加监测精度而补充布设到网络中。这样，在传感器网络中的节点个数就动态地增加或减少，从而使网络的拓扑结构随之动态地变化。传感器网络的自组织性能够适应这种网络拓扑结构的动态变化。

路由节点既要采集数据，又要负责传输下级节点采集的数据或向下级节点传输来自汇聚节点下发的指令。因此，路由节点负担重、能耗高、寿命短、失效快。为了避免部分节点过早因为电池耗尽而失效，传感器网络采取周期性轮换的方式，使各节点担当路由节点的时间尽可能平均，这对于延长整个传感器网络的使用寿命意义重大。每一次周期性轮换，都需要启动传感器网络的自组织能力重新建立网络连接关系。

3. 动态性

传感器网络的连接关系或拓扑结构可能因为下列因素而改变：

（1）环境因素或电能耗尽造成的传感器节点故障或失效；

（2）环境条件变化可能造成无线通信链路带宽变化，甚至时断时通；

（3）传感器网络的传感器、感知对象和观察者这三个要素都可能具有移动性；

（4）新补充节点的加入。

这就要求传感器网络系统要能够适应这种变化，具有动态的系统可重构性。

4. 可靠性

传感器网络部署在恶劣环境或人类难以到达的区域，节点可能工作在露天环境中，遭受日晒、风吹、雨淋，甚至遭到人或动物的破坏。传感器节点往往采用随机部署，如通过飞机撒播或发射炮弹向指定区域抛撒，碰、撞、砸不可避免。这些都要求传感器节点非常坚固、不易损坏，适应各种恶劣环境条件。

由于监测区域环境的限制以及传感器节点数目巨大，不可能人工"照顾"每个传感器节点，网络的维护十分困难甚至不可维护。传感器网络的通信保密性和安全性也十分重要，要防止监测数据被盗取和获取伪造的监测信息。因此，传感器网络的软硬件必须具有鲁棒性和容错性。

5. 以数据为中心

互联网中，网络设备用互联网中唯一的 IP 地址进行标识，资源定位和信息传输依赖于终端、路由器、服务器等网络设备的 IP 地址。访问互联网中的资源，首先要知道服务器 IP 地址。

传感器网络中的节点没有 IP 地址，而是采用网络中唯一的节点编号进行标识。由于传感器节点随机部署，网络与节点之间的关系完全动态，表现为节点编号与节点位置没有必然联系。用户查询事件时，直接将所关心的事件通告给网络，而不是通告给某个编号的节点。网络在获得指定事件的信息后汇报给用户。这种以数据本身作为查询或传输线索的思想更接近于自然语言交流的习惯。所以通常说传感器网络是一个以数据为中心的网络。

例如，用户关注、想了解某个地理范围内的点环境参数，而不关心环境参数由哪个具体的传感器节点所采集。在应用于目标跟踪的传感器网络中，跟踪目标可能出现在任何地方，对目标感兴趣的用户只关心目标出现的位置和时间，并不关心是由哪个节点监测到并报告目标。事实上，在目标移动的整个过程中，必然是由不同的节点提供目标的位置信息。

6. 集成化

网络中的传感器节点数量太多，某些军事场合的使用还需要传感器节点不易被发现。因此，传感器节点一般都要求功耗低，体积小，价格便宜。实现集成化是满足这些要求的唯一方法。微机电系统技术的快速发展，为无线传感器网络节点实现上述要求，提供了相应的技术条件。在未来，类似"灰尘"的传感器节点也将会被研发出来。

7. 协作方式执行任务

协作方式包括协作式采集、处理、存储以及传输信息。通过协作，传感器的多个节点可以共同实现对目标的感知,得到完整的信息。协作可以有效克服处理和存储能力不足的缺点,共同完成复杂任务的执行。在协作方式下,传感器之间的节点实现远距离通信,可以通过多跳中继转发,也可以通过多节点协作发射的方式进行。

1.1.4 传感器网络体系结构

体系结构是说明一个体系由哪些部分组成,不同部分之间彼此的关系,体系内部数据流、信息流、资金流、物资流等如何在各个部分之间流动,各部分如何协调、如何分工共同实现和完成体系功能和任务。

计算机网络体系结构是一种分层结构,说明计算机网络中的计算机以及通信设备在体系结构上分为多少层,每一层的基本功能,层与层之间的关系等。由于在计算机中,各种功能都是在同一个中央处理器(单核计算机)中执行完成,因此计算机网络体系结构并不是硬件结构的划分,而是各种软件功能的精确定义以及各种软件相互配合执行的流程。

传感器网络体系结构是描述传感器网络中每个传感器节点在功能上的分层结构,即每个节点在功能上分为几个层次,每个层次的主要任务是什么,层次与层次间的关系如何等。这一点与计算机网络体系结构是类似的。

不同于计算机网络体系结构的是,传感器网络体系结构中,功能的实现交给不同的专门管理子系统来完成,这些专门管理子系统本身是依靠调用传感器网络体系结构中不同层次的功能来实现的。传感器网络节点与计算机网络中的计算机相比,它的工作任务单纯、固定,能够将任务编辑成一个子系统,这样,应用进程直接启动对应的子系统就能完成指定的任务。传感器节点中常用的子系统有:网络拓扑管理子系统、远程控制管理子系统、网络安全管理子系统、能量管理子系统、移动管理子系统、任务管理子系统、数据管理子系统。

正是因为传感器网络常用专门的子系统来完成特定的工作,因此子系统在传感器网络体系结构中也有重要的地位。所以,传感器网络的体系结构常用功能分层和子系统来表示,如图1-2所示。

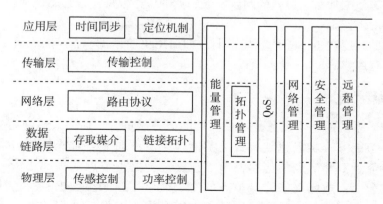

图 1-2　传感器网络体系结构[3]

　　从分层角度来看，传感器网络体系结构中，各层的功能大致如下。通信部分位于体系结构的最低两层：物理层和数据链路层；组网部分由网络层和传输层负责实现；应用层则负责定位机制、时间同步等支撑技术的实现。

　　从子系统的角度来看，各个子系统负责各自的专门工作，实现各自的功能。

1. 网络拓扑管理子系统

　　传感器网络拓扑控制是指在满足网络覆盖度和连通度的前提下，通过骨干节点（路由节点）的选择，剔除不必要的通信链路，形成高效的数据转发网络拓扑结构，提高网络效率，节约节点资源，延长网络生命周期。

　　网络拓扑控制研究主要包括面向网络物理拓扑层面的节点功率控制研究和面向网络逻辑层面的网络拓扑组织结构研究。

　　节点功率控制：通过功率调整机制调节每个节点的发射功率，在满足网络连通度和覆盖度的前提下，均衡节点的单跳可达邻居数目，以达到资源优化配置的目的。

　　网络拓扑组织结构：根据不同的实际需要管理网络的逻辑拓扑关系，并配合相应的路由协议，以达到合理高效地使用网络、节省网络资源的目的。

2. 远程控制管理子系统

　　远程控制管理子系统的主要任务是了解远程传感器节点的工作状态，并以此调整本节点的工作任务。远程节点需要了解的监控状况包括：剩余能量、传感器部件工作情况、通信部件工作情况，据此，该系统及时调整本节点工作周期，重新分配任务，从而避免节点过早失效，延长整个网络的生命周期。

3. 网络安全管理子系统

　　以数据为中心要求网络保证任务执行的机密性、数据产生的可靠性、数据融合的高效性、数据传输的安全性。网络安全管理子系统需要保证的就是传感器网络数据传输的机密性，不仅是传输数据加密、解密的问题，点到点的传输数据完整性的识别认证也是安全管理子系统必做的工作。

　　建立系统的难度在于：①计算能力弱，如何用更简单的算法完成任务；②存储空间小，如何减少程序代码。

4. 能量管理子系统

　　能量管理子系统的基本任务是尽最大可能节省能量。如何高效地使用能量，需要综合考虑，单一节能方法难以达到有效的节能效果。不同节点对能量的需求和使用不会相同。例如，靠近汇聚节点的传感器节点，被选为路由节点的概率更大，更多的能量用在转发数据包上；边缘网络终端节点的主要能量用在采集数据上。还需要预测可能的能量瓶颈点，通过该系统采取一定的节点冗余措施以保证数据传输不会因为个别节点失效而中断。

5. 移动管理子系统

移动管理子系统负责检查和注册传感器的移动，维护在移动情况下传感器节点到汇聚节点的路由。

6. 数据管理子系统

减少传输数据能够有效节省能量。各节点尽可能利用本地计算和存储能力进行数据融合，去除冗余信息。

7. 任务管理子系统

任务管理子系统负责平衡和调度监测任务。用户往往会在一段时间以后改变传感器网络的监测任务，这样的变化需要任务管理子系统和远程控制子系统互相配合，更改指令通过互联网发送给基站后广播给各个传感器节点，节点通过指令对监测任务实现更改。

该系统需要平衡各区域的任务（收集数据与传输数据），使各个节点能量消耗基本步调能够一致。

1.2 传感器网络发展历史

传感器网络作为一门新兴的学科，还处在迅猛发展的过程中，对传感器网络学科的定义、发展历史等根本性问题还没有达成普遍认可的共识。为了便于理解，我们选用某些一家之言作为参考。

中国物联网校企联盟认为，传感器网络的发展历程分为以下三个阶段：传感器→无线传感器→无线传感器网络。

1.2.1 越南战争时期

和计算机网络技术一样，传感器网络技术也发源于军事领域。

当年美越双方在密林覆盖的"胡志明小道"进行了一场血腥较量。"胡志明小道"是越南、老挝边界和越南、柬埔寨边界崇山密林中的一条运输线，是越南北方向南方游击队输送物资的秘密通道。美军对其狂轰滥炸，但效果不大。后来，美军投放了 2 万多个"热带树"传感器。"热带树"实际上是由震动和声响传感器组成的系统，它由飞机投放，落地后插入泥土中，只露出伪装成树枝的无线电天线，因而被称为"热带树"。在传感器的感知范围内，只要有车队经过，传感器就能探测出目标汽车开动时产生的震动和声响信息，并自动发送到指挥中心，指挥中心立即派出美机展开追杀。越方曾派人进行人工清理，但因"热带树"伪装好、数量多、补充布设容易，越方的人工清理效果不好。美方战果辉煌，总共炸毁或炸坏 4.6 万辆卡车，基本切断该运输线。

本阶段的特点是：传感器能够捕获单一类型的信号，与指挥中心进行点对点通信，传感器之间不能进行通信。

1.2.2　20 世纪 80 年代至 90 年代之间

这一阶段，出现了成功应用传感器的系统，主要是美军研制的分布式传感器网络系统、海军协同交战能力系统、远程战场传感器系统等。

本阶段的特点是：传感器具备感知能力、计算能力和通信能力，传感器之间能够相互联系、构成网络，能够自主运行并发送信息到需要它们的处理节点。

1.2.3　"9·11"事件之后

这个阶段是传感器网络技术成熟、成型阶段。不仅有了成功的应用系统，还出现了大量的理论研究成果，大量的算法、协议逐渐推出，理论体系逐渐建立，学科模样渐渐成型。本课程的许多学习内容都是基于本阶段研究成果。特点在于网络传输自组织、节点设计低功耗。

1.2.4　物联网技术发展新阶段

随着物联网技术的发展，大量物联网成熟技术应用于传感器网络。传感器网络最核心的要求就是环境数据的采集(传感器部件功能)和数据的无线传输(通信部件功能)，物联网的 M2M 技术能够在远程无线通信方面对传感器网络提供巨大帮助。传统的传感器网络在无线通信距离方面是短板，正是因为无线传输距离有限，才引申出了多跳、路径选择、路径优化、数据融合等技术要求，产生大量需要解决的技术问题。物联网的 M2M 技术和设备能够使传感器节点的无线通信距离大大延长，轻而易举地与遍布社会的移动通信公共蜂窝网基站连接上，借助于移动公共网络与管理节点计算机进行直接通信，这样，上述的多跳、路径选择、路径优化、数据融合等技术均不再是必要的了。物联网为了适应自身发展，还建立物联网专用的低功率、低速率、远距离的专门网络，由于物联网对网络应用的需求与传感器网络高度一致，这些专门网络为传感器网络应用提供了新的借鉴、支撑物。事实上，物联网在发展的初期，就把传感器网络技术纳入物联网核心技术范畴中，从此，物联网和传感器网络就没有分开。因此，借助物联网技术构建新型的传感器网络被人们一直尝试着，并取得丰富的成果，可以看成传感器网络发展的第四个阶段。

1.3　传感器网络应用

传感器网络具有不惧恶劣环境、能够连续监测的特点，传感器网络还可以通过选择或更换传感器部件，实现对几乎所有种类的环境数据的监测。传感器网络的特点，使其得到广泛应用。应用主要集中在以下领域：

1.3.1　环境监测和保护领域

无线传感器技术目前仍处于初步应用阶段，但已经展示出了非凡的应用价值，相信随着相关技术的发展和推进，一定会得到更大的应用。

目前，无线传感器技术主要用在环境监测领域。例如：监测区域的温度、湿度、水质等参数的监测。

随着社会信息化程度越来越高，需要采集的环境数据也越来越多。无线传感器网络为随机性研究数据获取提供了便利，还可以避免传统数据收集方式给环境造成侵入式破坏。

无线传感器网络还可以跟踪候鸟和昆虫的迁移，研究环境变化对农作物的影响，监测海洋、大气和土壤的成分，可以应用在精细农业中，来监测农作物中的害虫、土壤的酸碱度和施肥状况等。

1.3.2　医疗护理领域

美国罗彻斯特大学的科学家使用无线传感器创建了一个智能医疗房间，使用微尘来测量居住者的重要征兆(血压、脉搏和呼吸)、睡觉姿势以及每天24h的活动状况。

英特尔公司推出了无线传感器网络的家庭护理技术。该系统通过在鞋、家具以及家用电器等中嵌入半导体传感器，提升老龄人士、阿尔茨海默氏病患者以及残障人士的家庭生活质量。

利用无线通信将各传感器联网，可高效传递必要的信息从而方便接受护理，可以减轻护理人员的负担。

英特尔主管预防性健康保险研究的董事 Eric Dishman 称："在开发家庭用护理技术方面，无线传感器网络是非常有前途的领域。"

1.3.3　军事领域

无线传感器网络具有密集型、随机分布的特点，其非常适合应用于恶劣的战场环境中，包括侦察敌情、监控兵力、装备和物资，判断生物化学攻击等多方面用途。美国国防部远景计划研究局已投资几千万美元，帮助大学进行"智能尘埃"传感器技术的研发。

1.3.4　其他领域

无线传感器网络还被应用于危险的工业环境如井矿、核电厂等，工作人员可以通过它来实施安全监测。在交通领域作为车辆监控的有力工具。在工业自动化生产线等诸多领域，组成监控系统将大大改善工厂的运作条件。它可以大幅降低检查设备的成本；可以提前发现问题，因此将缩短停机时间，提高效率，并延长设备的使用时间。此外，停车场车位有无车辆、特定路口的车流量、速度等，都可以采用传感器网络实现监控。

◎ 本章习题

一、填空题

1. 传感器是能够在自然界中感受到(　　　　　　)，并按照一定的规律将(　　　　　　)的硬件电子器件或装置。

2. 将(　　　　)、CPU、存储器、标准接口、辅助控制电路、电源支持电路以及操作系统、(　　　　)等必要的软硬件集成在一起，就形成了具有无线通信功能的智能节点。智能节点和传感器部件通过(　　　　)相连，就形成了智能传感器节点。

3. 传感器网络由一个(　　　　)节点、若干个(　　　　)节点和(　　　　)节点组成。

4. 传感器网络是大量的(　　　　　　　　)传感器节点以(　　　　　　　　)方式构成的无线网络。

5. 所能看到的传感器网络就是散布在监测区中的(　　　　　　　　)。

6. "多跳"是指传感器节点传输数据,需要经过(　　　　　　　　)传输,到达汇聚节点。

7. 传感器网络的大规模性是指传感器网络覆盖(　　　　),传感器节点数量(　　　　)。

8. 传感器网络的自组织性是指传感器网络启动后,传感器节点之间(　　　　　　　　)通信链路,形成一张覆盖监测区的网络。

9. 传感器网络的动态性是指传感器网络节点之间的通信链路会因为种种原因发生变化,因而(　　　　　　　　)并不固定。

10. 传感器网络的可靠性是指传感器节点(　　　　)非常坚固、不易损坏、适应各种恶劣环境,(　　　　)必须保证通信保密性和安全性。

11. 传感器网络以数据为中心是指传感器网络只关心数据的采集、数据的精度、采集时间、地点、数据传输的安全,不关心数据由(　　　　　　　　　　)获取。

12. 传感器网络集成化是指传感器节点一般都要求(　　　　),(　　　　　),(　　　　)。实现集成化是满足这些要求的唯一方法。

13. 传感器网络协作方式执行任务是指传感器网络的多个节点,在协作方式下,(　　　　　　　　)复杂任务的执行。

14. 传感器网络体系结构分为(　　　　　　)和完成不同功能的(　　　　　　)。

15. 传感器网络体系分层结构,描述了节点在功能上分为几个层次,(　　　　　　),层次与层次间的关系如何等。这一点与计算机网络体系结构是类似的。

16. 传感器网络体系专门管理子系统结构,描述了传感器节点存在哪些专门子系统,每个子系统的(　　　　　　)。

17. (　　　　　　　　)子系统的任务是在满足网络覆盖度和连通度的前提下,通过路由节点的选择,剔除不必要的通信链路,形成高效的数据转发网络拓扑结构,提高网络效率,节约节点资源,延长网络生命周期。

18. (　　　　　　　　)是通过功率调整机制调节每个节点的发射功率,在满足网络连通度和覆盖度的前提下,均衡节点的单跳可达邻居数目,以达到资源优化配置的目的。

19. 调整本节点工作周期,重新分配任务,从而避免节点过早失效,延长整个网络的生命周期是(　　　　　　)子系统的工作。

20. (　　　　　　)子系统的主要任务是了解远程传感器节点的工作状态,包括:剩余能量、传感器部件工作情况、通信部件工作情况,据此,调整本节点工作周期,重新分配任务,从而避免节点过早失效,延长整个网络的生命周期。

21. (　　　　　　)子系统需要保证的是传感器网络数据传输的机密性。

22. (　　　　　　)更多的能量用在转发数据包上;(　　　　　　)主要能量用在采集数据上。

23. (　　　　　　)子系统负责检查和注册传感器的移动,维护在移动情况下传感器节点到汇聚节点的路由。

24. （　　　　　）子系统需要平衡各区域的任务，使各个节点能量消耗能够基本步调一致。

二、判断题

1. 数据传输单元能够在彼此之间通过有线或无线方式传输数据。　　　　　（　　）
2. 传感器节点是由传感器部件和数据传输单元相连组成的。　　　　　　　（　　）
3. 传感器节点所能探测的物理量类型由其所连接的传感器部件决定。　　　（　　）
4. 一个传感器节点只能连接一个传感器部件。　　　　　　　　　　　　　（　　）
5. 传感器网络的大规模性体现在传感器网络监测范围大，传感器网络节点数量多。

　　　　　　　　　　　　　　　　　　　　　　　　　　　　　　　　（　　）
6. 传感器网络在启动时才建立网络内部连接关系，这个内部连接关系就构成了网络。

　　　　　　　　　　　　　　　　　　　　　　　　　　　　　　　　（　　）
7. 传感器网络在启动时才建立网络内部连接关系，并在节点内部保存彼此之间的连接关系。当节点需要传输数据时，就按照所保存的连接关系，向其他节点传输数据。

　　　　　　　　　　　　　　　　　　　　　　　　　　　　　　　　（　　）
8. 传感器网络在启动时所建立的内部连接关系并不是一成不变的，每隔一段时间，传感器网络进行重启，重新建立网络连接关系。　　　　　　　　　　　（　　）
9. 传感器网络之所以定期重建连接关系，是为了避免一些节点长期担任路由节点。因为路由节点比终端节点更耗电，长期担任路由节点将缩短这些节点的生命周期，从而缩短整个网络的生命周期。避免的办法就是定期重建连接关系，大家轮流担任路由节点，使所有节点生命周期尽可能相差不大。　　　　　　　　（　　）
10. 传感器网络是由传感器节点以有线或无线的通信方式连接起来的网络，能够监测传感器节点覆盖的监测区某种物理信息，并报告给用户。　　　　　　（　　）
11. 传感器网络都有一个且只有一个汇聚节点。　　　　　　　　　　　　　（　　）
12. "多跳"方式是一种通信方式，是指通信源节点和通信目的节点之间的通信不是直接完成的，而是经过若干个中间节点的接力通信而完成的。　　　　　　（　　）
13. "多跳"使一次长距离的无线传输转化为多次短距离无线传输。而一次长距离的无线传输比多次短距离无线传输更消耗能量，因此，"多跳"的使用能够使传感器网络节省能量。　　　　　　　　　　　　　　　　　　　　　　　　　（　　）
14. 传感器网络能够获得较高的观测精度是因为节点昂贵，使用高质量电子元器件构成。　　　　　　　　　　　　　　　　　　　　　　　　　　　　　　（　　）
15. 传感器网络能够获得较高的观测精度是由于以下两个原因：①距离观测目标很近，观测方便；②观测节点多，冗余数据多，一个节点出错，还可以用其他节点数据纠正错误。　　　　　　　　　　　　　　　　　　　　　　　　　（　　）
16. 传感器网络可靠性是指：①传感器节点足够坚固，能适应恶劣的布设方法、布设地点、布设任务，仍然能够正常工作；②传感器节点无线通信足够安全，能够保守数据信息秘密。　　　　　　　　　　　　　　　　　　　　　　　　　　（　　）
17. 传感器的集成性反映了只有在硬件集成技术达到一定水平、集成度达到一定高

度，才有可能制作体积小、功耗低、价格便宜的传感器节点，传感器网络才有出现的可能。（　　）

18. 传感器网络以数据为中心，关注的是获取数据。对于数据是哪个传感器采集的问题毫不关心。这也意味着，传感器网络中有若干个传感器节点不能正常工作，对整个传感器网络的工作影响不大。（　　）

19. 传感器网络的体系结构与普通计算机网络的体系结构一样，都是分层描述其功能。（　　）

20. 传感器网络的体系结构与普通计算机网络体系结构不一样，不仅分层描述其功能，还分子系统描述其功能。（　　）

21. 传感器网络体系结构用子系统描述其功能意味着传感器网络系统将常用的功能加入几个子系统中，通过执行几个子系统，来实现传感器网络系统功能。（　　）

22. 传感器网络常用子系统功能的实现，依靠传感器网络各个分层的功能来实现。（　　）

23. 美军的"热带树"传感器能够通过自组织形成网络。（　　）

三、名词解释

智能节点　传感器部件　传感器节点　汇聚节点　路由节点　传感器节点　任务管理节点

四、问答题

1. 什么是传感器网络？
2. 传感器网络有哪三类节点？它们各起什么作用？
3. 传感器网络具有哪些特点？
4. 简述传感器网络体系结构，说明其与普通计算机网络体系结构异同点。
5. 简要说明传感器网络拓扑管理子系统功能。
6. 简要说明传感器远程控制子系统功能。
7. 简要说明传感器网络安全子系统功能。
8. 简要说明传感器任务管理子系统功能。
9. 查询资料，了解传感器网络在各行业中的应用情况和应用前景。

第2章　传感器节点基本知识

传感器节点在传感器网络中的地位很重要，是组成传感器网络的主要部件。在一个传感器网络中，能够看到的网络物理部件就是传感器节点。

研究传感器节点制作方法是传感器网络学科的一项重要内容，传感器网络所能实现的功能取决于每一个传感器节点的功能。不同的用户对传感器网络的需求是各不相同、五花八门的，很多传感器节点需要根据实际应用的具体情况设计、建立或选择。在这些方面，人们积累了大量的知识和经验，这些知识和经验又对后续传感器网络的具体建设和应用提供了很大的帮助。传感器节点的技术进步又是推动传感器网络技术进步的重要动力，往往给传感器网络带来重大的变化。例如，在本教材的后面，我们可以看到，由于传感器节点无线通信技术的进步以及无线通信距离的大幅度延长，传感器网络结构、内部使用的协议等都发生了很大变化。

组建传感器网络，首先根据实际应用需求组建传感器节点，或者在市场上选用合适的传感器节点成品。不管是自己组建还是选择购买，都要对传感器节点有全面的、基本的了解。

单个传感器节点具有以下几种功能：感知周边环境获取环境数据的功能，对数据进行存储和处理的功能，与周边传感器进行无线通信的功能，自我管理的功能。多个传感器节点还有自组织成一个网络的功能，为了完成某项任务而相互协调、互相配合的功能。

2.1　对传感器节点的基本要求

传感器节点有一些基本要求，在设计、组建传感器节点过程中，始终要满足这些基本要求。对传感器节点的基本要求是微型化，低功耗，低成本，稳定性和安全性，扩展性和灵活性。

(1) 微型化。在体积上应该足够小，以保证对被观测目标特性不造成显著影响。在战场侦察方面，传感器节点应小到不易察觉的程度，在外形上还应有必要的伪装。

(2) 低功耗。传感器节点需要独立工作，其能源供给一般由电池解决。节点需要在野外环境中长期工作，携带电量有限，更换电池可行性低，必须具备低功耗功能。这是延续一个传感器节点的使用寿命、进而延长整个传感器网络使用寿命的基本保障。

(3) 低成本。实际使用的传感器节点一般是一次性设备，收回再次应用的可能性很低。此外，为了保证监测区中不出现漏洞，节点必须大量密集分布，也就是一个传感器网络的节点数量是非常大的。因此，单个节点的低成本对于降低整个网络的造价作用显著。

(4) 稳定性和安全性。节点在外部环境中工作，在恶劣的变化环境条件下，要能够长期稳定地工作，要避免环境因素变化导致的仪器性能下降，确保提供的数据准确。因此，防水、防暑、防寒、防震动等物理外包装工作不可轻视。此外，无线传输方式下窃听容易，无线通信的机密性、完整性等数据传输通信方式的安全工作，在软件通信设计中也不可缺少。

（5）扩展性和灵活性。扩展性和灵活性可以拓展传感器节点应用范围，降低传感器网络整体造价。要实现扩展性和灵活性，传感器节点要设计成通用性的、能够通过不同接口连接多种常用传感器部件；要遵守有关协议和标准的要求，定义统一完整的外部接口，以便能够方便地连接符合标准的外部硬件(一般成熟的产品都是符合一定标准的)。在设计时，对未来可能的需求加以考虑，留有余量，以便必要时能增加新的硬件功能，而不必建立新的节点；在不同的环境下，能够实现组件的灵活组合，以适应不同的环境要求。

2.2　传感器节点组成

传感器节点需要具备感知能力、通信能力和数据处理能力。与之相应，传感器节点基本组成模块有数据采集单元、数据传输单元、数据处理单元，还需要为各个单元正常工作提供电源的电源管理单元，如图 2-1 所示。

数据采集单元负责采集观测区域内观测目标的物理信息，例如环境温度、湿度、大气压等。数据传输单元是节点发送和接收数据的无线通信设备，按照通信协议的规定实现数据的发送与接收。数据处理单元是节点的核心处理单元，负责任务调度、数据计算、通信协议实现和数据转存储等工作。电源管理单元为节点各功能模块提供能量，是整个无线传感器节点的基础模块。

受节点体积限制，传感器节点所能携带的能量非常有限，通常是一两节电池。为了尽可能地延长传感器节点乃至整个网络的使用寿命，传感器节点的节能是极其重要的目标，在整个节点设计的各个环节中，各个单元都要以低功耗为主要要求。电源管理模块采取一系列有效的措施来节省能量。

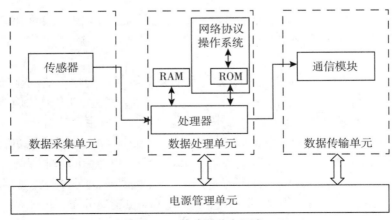

图 2-1　传感器节点组成

我们在前面说过，传感器节点由传感器部件和 DTU 连接而成。在这里，我们又说传感器节点由四个单元组成。这两种说法是传感器节点在不同的发展时期自然形成的，是硬件发展的体现。图 2-1 中的数据采集单元就是传感器部件，而数据处理单元、数据传输单元、电源管理单元合称为 DTU。四单元组成说是最基本的，反映了传感器节点必备的四种功能。随着技术的发展，人们认识到不同类型的传感器节点在类型上的差异只体现在数据采集单元上，是数据采集方式上的差异，在被测物理量转化成数据以后，后续的处理方法、传输方法都是一致的，这些部分功能的硬件统一成 DTU，配上标准的接口，就可以连接不同类型的传感器部件，形成不同类型的传感器节点。

2.2.1 数据采集单元

数据采集单元由传感器和传感器控制电路组成，其中，传感器是最主要的。传感器由敏感元件、转换元件和调理电路构成，并输出电量(电流或电压值)，如图 2-2 所示。

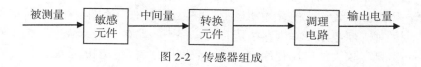

被测量　　敏感元件　　中间量　　转换元件　　　调理电路　　输出电量

图 2-2　传感器组成

传感器是将被测的某一物理量按照一定规律转换成对应的另一种物理量输出的装置，一般输出的物理量是电信号，电信号可以直接转换成数据。只有被测量与输出电量呈现严格线性关系，传感器采集的数据才是准确的。但在实际应用中，不可能找到这种能够保持严格线性关系的元器件，输出波形与输入波形多多少少总会存在一些失真。解决这种失真常采用的办法是补偿，即通过测量、分析输入输出在不同数值范围内的数据，找出失真的规律和失真的大小，根据失真数值对输出结果进行补偿，使补偿后的输出量与输入量保持严格的线性关系。因此，传感器部件不仅有传感器器件，还有补偿、辅助控制等电路。

传感器种类繁多，可大致分为物理传感器、化学传感器和生物传感器三类。物理传感器是利用敏感元件的特殊物理性质制成的传感器，例如热敏半导体可以根据环境温度改变自己的电阻值。类似的还有光敏半导体、压电晶体等。化学传感器是利用电化学原理把无机和有机化学物质的成分、浓度等转化为电信号的传感器。生物传感器是利用生物活性物质选择性地识别、测定生物化学物质的传感器。

市场上传感器品种很多，可以说，在一般应用场合总可以找到合适的传感器。即便暂时找不到，也会有公司根据新的需求，立即研发出新的传感器，满足市场需要。

2.2.2 数据处理单元

数据处理单元是节点的大脑、指挥中心，是管理程序的运行场所，也是很多动作的执行者。节点其他单元的运行要受到数据处理单元的指挥、控制。例如，数据采集单元何时采集数据、怎样采集数据，要受到处理单元的控制；对采集数据的任何处理都要在处理单元里完成；数据传输单元的数据传输工作也受制于处理单元，如什么时候传数据，以多大的速率传数据等，都需要听从来自处理单元的指令；电源管理单元的各项处理措施，实际是由处理单元完成的。还有实现各种设计方案、协议功能程序存储在处理单元中的存储器中，程序的运行则由处理器和内存来完成。传感器单元接收并处理数据、判断何时何地发送数据、从其他传感器节点接收数据、判断下一步工作状态等工作均由处理单元完成。

处理单元的能力来源于它的微处理器和存储单元。微处理器使处理单元有了计算能力，存储器中存储的操作系统和应用软件，使处理单元升级为一个微型计算机。微处理器的选择是传感器节点设计的重要工作之一，因为微处理器的选择有很大差异，需要在性能和能耗上进行平衡。一般节点选择处理能力和能耗较小的微处理器以节约能源，提高网络生存周期；对于要求较高的节点，选择处理能力高的微处理器。

传感器节点微处理器应满足如下要求：体积尽量小，集成度尽量高，功耗低且支持休眠模式，运行速度快。

存储单元是数据处理单元的一部分，存储器是处理器必不可少的辅助器材。数据处理单元的存储器主要包括随机存储器（RAM）和只读存储器（ROM）。

RAM，也称为内存，器件加电后才能工作、使用。它的特点是存储速度快，用于保存即时数据。管理程序要调入内存才能运行，并发挥作用；应用程序、数据要调入内存才能运行、得到处理。断电以后，内存中所有内容都不能保存下来。从运行速度角度看，内存越大越好，否则，较大的应用程序、较大的数据块，需要分割成多块，依次调入内存执行，极大地影响了运行速度。但 RAM 价格较贵，成本较高，耗电量较大。从节电和降低成本的角度，我们在选用时，要尽量选择 RAM 小的器件。

ROM，也称为外存，器件断电后仍能保存数据。只读存储器本身的特点是只能写入一次，写入内容不可更改，常用于保存诸如引导程序、硬件驱动程序、不变数据等系统必备又不需要改变的程序和数据。随着硬件技术的发展，出现了可以用特殊外部设备反复改写的只读存储器，例如电可擦除可编程只读存储器（EPROM），有助于用户根据自己的需求编写程序后保存在设备自带的只读存储器中。存储在只读存储器中的程序具有不会丢失、执行速度快、由系统调用自动执行等优点。抛开硬件速度本身就快的因素，存储在只读存储器中的是程序的二进制机器码，因此省去了一般计算机上软件需要先编译成二进制机器码的过程，具有更快的速度。由于存在这些优点，适合的程序都写入只读存储器，形成了区别于软件、硬件的固件（firmware）。固件技术是嵌入式系统技术的基础之一。

2.2.3　数据传输单元

数据传输单元又称为通信单元、通信模块。通信单元可以理解为无线电收发报机集成化的结果，其功能就是无线电收发报机的功能——无线通信，也就是使用无线通信方式，在通信的收发双方之间进行数据传输，包括发数据、收数据两种操作。传感器网络常用的无线通信方式是无线电通信，也有超声波通信、激光通信、红外通信等，因此传感器节点中的通信模块不仅仅是无线电收发报机的集成，还是多种不同无线介质通信设备同时集成化的结果。

数据传输单元中固化了某种通信协议的全部功能。所谓固化协议功能，就是将实现了协议功能的所有可执行程序保存在硬件 ROM 中，在需要使用某种功能时，只要从 ROM 中直接调用相应的可执行程序，就由程序实现相应的功能。传感器网络中所有节点的数据传输单元都固化相同的通信协议功能，因而不同节点之间能够实现无线通信，也就是用无线通信的方式进行不同节点间的数据传输。

由于 ZigBee 网络的广泛应用，符合 IEEE 802.15.4 协议标准的通信单元在市场上常见，很容易找到具有 IEEE 802.15.4 协议标准的传感器节点。

只要选用具有同类型通信单元的传感器节点组建网络，通信能力问题就不需要我们额外考虑，节点间的通信模式（包括载波频率、调制方式、同步方式和收发机的体系结构等有关通信的方方面面）自动建立。我们需要考虑的只剩下通信执行的具体问题，如通信距离、通信时间等。

对于数据传输单元的选用，要求具有简单、低成本、低功耗的特点。

2.2.4 电源管理单元

电源管理单元又称为电源模块，是传感器网络节点的基础模块，直接关系到传感器节点的寿命、成本和体积。传感器节点上的各种硬件单元要正常运行，首先就需要满足硬件单元需要的、稳定的、持续的、大小合适的电能供应。电源模块将传感器节点统一的电源供给（通常是一节或几节电池）转换成各个硬件单元所需电源，并提供给它们。与传感器节点的其他三种硬件单元不同，电源模块并不是一个整体，而是由分布在各个硬件单元附近进行电源转换的电子元器件及连接线路组成。电池供电是目前最常见的传感器节点供电方式。

电源模块设计应该考虑三个方面：

（1）能够提供不同时段、不同大小电压值，为节点上不同单元、不同区域提供电源供给；

（2）能够方便地获得能量补充或更替；

（3）提高直流转换效率：各单元、各不同部位所需电压均有可能不一样，电源模块需要将电源提供的单一电压转换成不同的电压需求。

2.3 传感器节点成品

组建传感器网络，其首要条件是拥有足够数量符合要求的传感器节点。获取传感器节点最简单的方法就是从市场上选购，因为市场上已经充斥了大量的各种类型的传感器节点产品。

传感器节点产品就是专业公司针对特定需求制作的电子产品。作为产品，传感器节点产品一般都将数据处理单元、数据传输单元和电源管理模块集成在一起，形成 DTU 硬件设备，而仅把作为数据采集单元的传感器排除在外。也就是传感器节点一般在硬件上分成两部分，数据处理单元、数据传输单元、电源管理单元构成 DTU 设备作为传感器节点的主体部分，传感器是独立的。这两部分通过通用接口连接起来，才构成完整的传感器节点。

数据处理单元和数据传输单元是节点最复杂、最昂贵的组成部分，电源管理单元实际是由分散在各个部分的电源电路组成。这三部分的功能和要求，对于任何种类的传感器网络和节点而言，都是一样或类似的，因此可以将它们集成在一起，形成一个通用的传感器节点主体。现实中，这三部分已经集成到一个称之为单片机的集成块芯片中。传感器则因为感知对象的不同而不同，因此传感器种类繁多，任何一种传感器节点产品都很难囊括。不同的传感器连接在单片机中形成不同的传感器节点，可以满足组建不同传感器网络的需求，满足了传感器节点灵活性、扩展性要求。

传感器节点产品，为了保证产品的普适性而将多种通信方式集成到节点中，例如较为流行的 ZigBee、WiFi、蓝牙、红外、超声波等无线电、声光无线通信方式等。有的传感器节点还集成了常用的温湿度传感器。传感器节点产品还设置了多种标准通信接口，使其能够方便地直接连接市场上大部分传感器。产品厂商这样做，是为了追求产品适用范围，扩大产品用户群体，但也使产品附加了具体用户不需要的功能，价格较贵。对于大多数用户而言，他们只需要使用部分功能，部分冗余功能白白浪费。

传感器节点产品内部包括通信方式在内的许多使用方法、功能都已经确定，无法更改，灵活性不足。选用现成的产品前，就要仔细研究产品的指标，选择满足组网需求的产品，这就需要对产品指标有所了解。

传感器节点研究的先行者们，在研究传感器节点的过程中，研制了较多的产品，有的已经形成系列，本节介绍常见的传感器节点产品。

1. Mica 系列

美国加州大学伯克利分校研制的传感器网络演示平台，软硬件设计公开，已是传感器网络的主要研究平台。

2. Telos 系列

美国加州大学伯克利分校的研究成果，是针对 Mica 系列功耗较大的改进产品。根据试验结果，使用两节 5 号电池，该系列产品最长可工作 945 天。

3. Sun SPOT 节点

美国 Sun 公司产品，配有多种常见的传感器：温度、光强、加速度等。3.7V 可充电锂电池，深度睡眠状态下可运行 909 天，全负荷运行可持续 7 小时。

4. Gain 系列

Gain 系列由中国科学院计算所开发，这是我国第一款自主开发产品。

下面以资料较多的Mica系列节点为例，说明需要关注的传感器产品指标。Mica系列节点包括 WeC、Renee、Mica、Mica2、Mica2dot 和SPec等。部分传感器的部分参数参见表2-1。

表 2-1　　　　　　　　　　　　Mica 系列部分传感器节点指标

节点	处理器	射频芯片	Flash（KB）	RAM（KB）	传输速率（kbps）
Mica	Atmegal28L	TR1000	128	4	115

续表

节点	处理器	射频芯片	Flash(KB)	RAM(KB)	传输速率(kbps)
Mica2	Atmegal28L	CC1000	128	4	76.8
Mica2dot	Atmegal28L	CC1000	128	4	76.8
Mica3	Atmegal28L	CC1020	128	4	153.6
Micaz	Atmegal28L	CC2420	128	4	150

以 Micaz 为例，Micaz 是支持 2.4GHz ISM 频段和 IEEE 802.15.4/ZigBeeTM 无线标准的第一代智能 mote(智能微尘)。智能微尘是指具有电脑功能的一种超微型传感器，它可以连接不同类型的数据采集单元探测周围诸多的环境参数，能够收集大量数据，进行适当计算处理，然后利用无线通信装置，将这些信息在微尘器件间往来传送。所谓微尘，是指产品体积像微尘那样很小，但目前的硬件技术水平还远未达到，只能看作是一个美好的愿望和奋斗目标。Micaz 系列早期的一个产品，体积与一个光驱相当。随着硬件集成水平的提高，产品的体积必然越来越小，但要达到真正的微尘，还有很长的路要走。

Micaz 接口可连接模拟输入、数字 I/O、I2C、SPI 接口和 UART 接口。Micaz 的无线通信模块使用 CC2420 单片机芯片。该芯片是最早支持 ZigBee 通信技术的通信芯片，载波频率为 2.4GHz，数据传输速率最高达到 250kbps，通信距离为 60~150m。传感器模块采用 ADXL202JE 双轴加速度计，可同时采集两个轴的加速度。

Mica 系列产品是早期研发产品，随着传感器技术的广泛传播，研究和制造传感器节点已经不是少数研究机构的专利，大量的电子科技公司纷纷推出了自己的产品，并且在性能上、体积上都有了很多改进。图 2-3 所示为 STM32W108 节点，体积小于一个手机。

图 2-3　STM32W108 传感器节点图片

23

该节点基于 STM32W108 ZigBee 节点，采用 ARM-Cortex-M3 技术制造，符合 ZigBee/
IEEE 802.15.4 标准，能够满足用户对于低成本、低功耗无线传感器网络的需求，易于使
用，节省空间，并且能够提供设备间的可靠数据传输。该节点提供了与传感器相连的接口
（超声波、光敏、温度、湿度、声音、烟雾等），内置 DS18829 温度传感器。该节点提供
了 JTAG 接口，可供用户自行向内烧写程序。

另一方面，传感器制作技术也有了很大的发展。各种类型的传感器产品层出不穷，相
关的研究技术文献屡见不鲜。只要传感器节点的接口满足规范要求，很容易与符合标准接
口要求的传感器部件相连，组合成需要的传感器节点。图 2-4 所示为在网上查询的一组传
感器系列产品图片。

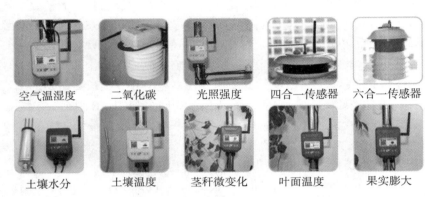

| 空气温湿度 | 二氧化碳 | 光照强度 | 四合一传感器 | 六合一传感器 |
| 土壤水分 | 土壤温度 | 茎秆微变化 | 叶面温度 | 果实膨大 |

图 2-4　某种传感器系列产品图片

2.4　使用单片机建立传感器节点硬件

传感器节点成品作为商品，一般追求能够连接尽可能多类型的传感器，以便追求最大
销售范围。这会导致产品为了满足一定的通用性，存在大量实际上并不会被使用的功能冗
余，进而导致体积过大、价格过高、耗电量较高等问题。在实际应用中，传感器节点被选
定、连接、组网使用以后，许多功能由于根本用不上而白白浪费了。此外，体积过大可能
影响使用，耗电量过高会影响传感器网络寿命。为了节约成本，我们可以考虑根据实际需
要，自己建立传感器节点。

自己建立传感器节点的好处是只建立组网所需要的传感器节点功能，这样可以大幅度
减少功能浪费，缩小节点体积，降低功耗，延长网络使用寿命。自己建立传感器节点的通
常做法是，选择已经集成了数据处理单元、数据传输单元、电源管理单元的单片机，以及
合适的传感器，利用单片机提供的接口，增加一些辅助连接电路进行传感器连接，构成所
需要的传感器节点。

单片机（microcontrollers）是一种集成电路芯片，是采用超大规模集成电路技术把具有

数据处理能力的中央处理器(CPU)、随机存储器(RAM)、只读存储器(ROM)、多种 I/O 口和中断系统、定时器/计数器等功能(有的单片机还包括显示驱动电路、脉宽调制电路、模拟多路转换器、A/D 转换器等电路)集成到一块半导体晶片上构成的一个小而功能够用的微型计算机系统,在自动控制领域广泛应用。市场上提供的传感器单片机都是集处理单元、存储单元、通信单元、电源模块为一体的,只要选择所支持的传感单元加以连接,就可以构成一个传感器节点。这样,组成传感器节点的四大部分都凑齐了,其中数据处理单元、数据传输单元和电源管理模块都已经集成到单片机中,传感器作为节点的数据采集部分。

用单片机和传感器部件组建传感器节点就是要建立两者之间的连接,同时建立支持单片机、传感器部件正常工作的外围辅助电路,需要一定的硬件基础知识和硬件动手实践能力。采用自己建立传感器节点这种方式,容易实现简单、便宜、微型的传感器节点基本要求,有利于组建低成本、高质量的传感器网络,满足应用需求。

应用于传感器节点的单片机,其组成结构和功能都差不多,不同的是引脚位置、引脚多少。不同公司生产的单片机,编程语言是不一样的,但是大致相通。如果想了解其硬件,就看相关产品资料中单片机引脚功能介绍,运算速度、存储器大小等参数;如果要编程就要看资料中的编程教程。为了便于深入理解传感器节点,本节以在嵌入式芯片技术领域应用广泛的 STM32W108 单片机为例,介绍由单片机构成传感器节点的方法。

2.4.1 STM32W108 概述

1. STM32W108 单片机组成

STM32W108 是一个集成为一块芯片的单片机,单片机原理框图如图 2-5 所示。STM32W108 将一个 2.4GHz 的 IEEE 802.15.4 标准的收发器(图中"MAC+基带"及其左边的逻辑电路)、32 位的 ARM Cortex-M3 微处理器、Flash(图中"可编程 Flash 128KB")和 RAM(图中"数据 SRAM 8KB")融合,添加相应的外设,设计成基于 802.15.4 的系统。STM32W108 将处理单元和通信单元集成在一起,并且通信单元符合 WSN 要求。

2. STM32W108 单片机能力

STM32W108 单片机拥有 128KB 的 Flash 和 8KB 的 RAM,集成了 MAC 功能,满足 ZigBee 和 IEEE 802.15.4 标准,MAC 硬件具备单元的基本通信功能:

(1)进行自动 ACK 发送和接收;

(2)自动补偿延时;

(3)能够与其他 STM32W108 单片机节点组成无线通信对,接收和发送数据包。

3. STM32W108 单片机引脚功能

STM32W108 的封装和引脚如图 2-6 所示。

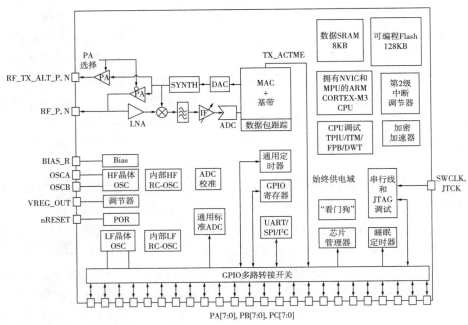

图 2-5　STM32W108 框图

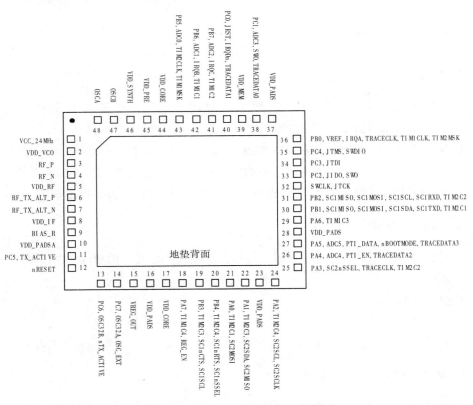

图 2-6　STM32W108 的封装和引脚图

4. STM32W108 单片机的电源模块

用于传感器节点的单片机必须含有电源管理功能，以达到传感器节点节能的目标。

单片机都采用睡眠方式来节约用电，即在不需要工作的时间段，除了保留少数具有唤醒功能的部件继续保持工作状态外，其他所有部件都截断电源，以减少电源消耗。睡眠有不同的等级，对应关闭系统的多少和节省电量的大小。深度睡眠是最高级的睡眠，能够最大限度地节省电量，具体做法是：将正常状态下各系统的状态参数保留在内存中，关闭除内存以外的所有部件电源，待到唤醒时，将状态参数读出恢复各系统的状态。电源管理系统用来实现最低的深睡眠电源消耗，满足灵活的唤醒操作，提供各种睡眠模式切换方法，既保证应用需求，又尽可能减小电源消耗。

主要的睡眠模式：

（1）空闲睡眠：CPU 处于空闲状态；任何程序都挂起，直到有中断发生；所有供电域保持供电，没有任何部件复位。

（2）深度睡眠 1：初级的深睡眠状态。核心供电域完全断电，睡眠定时器处于工作状态。

（3）深度睡眠 2：核心供电域完全断电，睡眠定时器也处于关闭状态，不能唤醒单片机。

（4）深度睡眠 0：又称仿真深度睡眠。模拟一个深度睡眠，核心域保持供电，外设保持复位状态。目的是让 STM32W108 单片机的软件保持一个深度睡眠周期，同时保持调试配置。

STM32W108 单片机的电源模块为了应对不同等级睡眠的需求，提供了三个供电域（不同的电源）：

（1）始终供电域：这个供电域一直保持供电。

（2）核心域：负责 CPU、外设接口和外设的供电。可以使用深度睡眠模式关闭该电源域。

（3）存储域：负责 RAM 和 Flash 存储器供电。深睡眠时，Flash 存储器完全断电，而 RAM 存储器转由始终供电域供电，以保证数据不丢失。

5. STM32W108 单片机的复位模块

数字设备是数字电路、数字逻辑，不同组成部分的工作同步十分重要。复位模块类似于能够倒计时的发令枪，对于控制一些独立部件工作的起步时刻，进而形成与其他部件实现同步等都起着重要作用。

STM32W108 单片机是集成电路部件，是数字设备，因此其复位模块必不可少。STM32W108 单片机复位模块有三个复位源，都可以发出复位信号：

（1）"看门狗"：一个倒计数器，计数为 0 时，触发复位信号。阻止"看门狗"复位的办法是，在其数据减为 0 之前，为其设置一个新数。"看门狗"是所有单片机必备的功能。

（2）复位记录器：记录上次的复位条件，一旦复位条件满足，触发复位信号。可以将新的条件写入复位记录中。

（3）其他外部部件触发的复位生成，如 Reset 开关。

6. STM32W108 的时钟管理模块

数字电路任何部件的工作都受控于某种计时脉冲信号，数字电路一切计时脉冲信号都来自时钟振荡器。

数字系统中需要很多不同频率的时钟脉冲信号源。可以用时钟周期倍增的方法由一个脉冲信号源得到不同的脉冲信号，但是也有一些频率的时钟信号需要两个或多个不同时钟源信号进行组合计算才能得到。因此，一般数字系统设备中往往自带多个时钟源。

STM32W108 集成了四个时钟振荡器：高频率的 RC 振荡器，24MHz 晶体振荡器，10kHz RC 振荡器，32.768kHz 晶体振荡器。一个振荡器以自己的频率倒数为时间周期产生脉冲方波，振荡器以自己的方波计数器记录方波数量，乘以方波时间周期换算成以自己方波周期为单位的时间。几个不同频率的振荡器，方波时间周期彼此间有差异，通过简单的加减运算，可以组合出多种以不同时间周期为单位的时间。

7. STM32W108 的射频模块

STM32W108 有一个接收模块和发射模块，可以与其他 2.4GHz 的收发器共存，并与它们自动建立和实现无线通信方式的数据传输。它提供了三种无线电通信方式，可以与其他 STM32W108 单片机构成的传感器节点以任何一种无线电通信方式进行数据相互传输。在无线电通信过程中，可以忍受非常强的外界干扰。使用该单片机，无线电通信的实现问题无须再考虑。

8. STM32W108 的通用 IO 接口

IO 接口是电子设备与外部设备相连接的地方。传感器单片机的 IO 接口主要用来连接各种类型的传感器、控制器。STM32W108 有 24 个多功能通用输入/输出引脚，分为 PA、PB、PC 三组。

现在，我们对 STM32W108 单片机做一个总结性概述。

STM32W108 单片机就是一个形如图 2-6 所示的一片长方形的集成电路芯片，每边 12 个共 48 个插口引脚。该集成电路上集成一个数据处理单元，一个数据传输单元（欠天线），一个数据采集单元（欠传感器元件），一个电源管理单元（欠电池）。此外，还有时钟模块、复位模块和 IO 接口等部分。

数据处理单元包括一个型号为 ARM Cortex-M3 的处理器，一个 8KB 的 SRAM 内存块，一个 128KB 的 Flash 只读存储器。Flash 又称为闪存，是目前新型的只读存储器。

数据传输单元就是 STM32W108 射频模块，可以采用 IEEE 802.15.4、IEEE 802.11g、蓝牙等三种无线通信协议与通信范围内的其他 STM32W108 单片机实现无线通信。IEEE 802.15.4 协议是计算机网络中自组织网络中的通信协议，是大部分传感器网络中普遍使用的无线通信标准，是 ZigBee 传感器网络（研究最多、支持软硬件最多、应用最广泛、在领域中占统治地位的传感器网络）标准通信协议。IEEE 802.11 协议是计算机网络中无线局域网通信协议，也是我们广泛使用的 WiFi 通信协议。蓝牙协议是另一种无线通信协议。

不同的无线通信协议，实现机制有区别，都有各自的优缺点，在客观效果上都能实现短距离的无线通信，条件是通信双方事先互相约定一致。

STM32W108单片机内部集成了很多传感器敏感元件的支持电路，并为所支持的传感器敏感元件规定了接口和连接方法。只要按照规定要求连接，STM32W108单片机就能构成多种传感器节点。

STM32W108单片机内部集成的电源管理单元在多个芯片管脚上提供了不同大小的电压，可以充当不同规格的电源，外部需要电源的部件和单元只要连接上这些接口就能获得合适的电源供给。

电源管理单元的另一个重要任务就是节省电源消耗。硬件集成度的提高，使硬件耗电量大幅度降低，节点中最耗电的就剩下通信了，节省电能主要从通信入手。通信模块状态分为发送数据、接收数据、空闲和睡眠四种，其中前三种是工作状态。发送数据耗电量最大，接收数据耗电量略少于发送数据，空闲状态时虽然既没有发送数据也没有接收数据，但是要进行监听，以便随时进入发送数据或接收数据状态，耗电量也不低，只是略少于接收数据状态。睡眠状态只需保持少数起唤醒作用的部件工作，其他大部分均退出工作状态，几乎不耗电。所以，通信模块的四种状态中，睡眠状态是最省电的。电源管理单元对通信模块的省电策略就是控制通信工作方式，在不必工作时尽可能地将通信模块送入睡眠状态。

传感器网络恰恰有条件长时间休眠。传感器网络监测的是环境数据，而环境数据(如温度)是缓慢发生变化的，因而不必时时测量。就一个节点的基本任务而言，如果测量周期(由管理用户对传感器网络下指令来确定)为1分钟，传感器节点在这1分钟要做的就是测量一个环境数据，传输出去，然后休眠。由于测量和传输数据所需时间很短，在一个周期的绝大部分时间内，传感器节点可以处于休眠状态。只要工作方式控制得好，理论上可以大幅度节省节点的耗电。当然，实际网络工作中，各个节点还需要在采集和传输数据的时间段以外做一些节点之间的协调和同步工作，休眠时间有所减少。

环境监测数据相对一般网络而言数据量极少，发送、接收数据时间极短，休眠时间占比很高，一些优秀的传感器网络节点，一节5号电池可以使用数年时间，对于延长传感器网络使用寿命意义重大。从前述的资料来看，STM32W108电源管理单元定义了4级睡眠模式，针对芯片不同部位实行不同策略。这些都是芯片内部管理过程，对用户而言，不必关心，只需要知道其内部电源管理效果很好即可。

数字电路是逻辑电路，内部时钟是逻辑产生与维持的根本。STM32W108单片机与其他集成电路一样具有时钟管理模块，用于产生和管理多种时钟序列，为芯片的不同部分提供多种时钟序列服务。数字电路的重启需要各种重启模块，STM32W108单片机也不例外，内含重启管理模块，提供不同的重启服务。

STM32W108单片机提供了除天线、传感器敏感元件、电池等不能集成的少数部件之外的所有部件。用STM32W108单片机建立传感器节点，只需要按照STM32W108单片机产品手册要求，选择其支持的传感器单元，并按照手册要求建立少量必要连接即可。

STM32W108通用接口是连接外部的通道。STM32W108提供了PA、PB、PC三组接口，主要用来外接各种类型的传感器。

2.4.2　STM32W108 单片机连接传感器例子

STM32W108 单片机作为一个产品，必然在设计上要考虑如何支持一些市场上流行的传感器产品，并在手册上给出对于所支持的传感器的使用方法。下面是一些传感器与 STM32W108 单片机连接的实例。

1. 温度传感器与 PA5 引脚相连

如图 2-7 所示，DS18B20 温度传感器引脚 1 接地，引脚 3 与 3.3V 电源相连，引脚 2 与 STM32W108 单片机 PA5 引脚相连，还需要按照原理图连接一个电容和一个电阻。

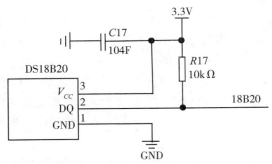

图 2-7　温度传感器与 STM32W108 连接原理图

2. 温湿度传感器引脚 2 与 PC6 引脚相连

如图 2-8 所示，DHT11 温湿度传感器的 1 脚接电源引脚，4 脚接地，3 脚悬空，2 脚接 STM32W108 单片机的 PC6，2 脚为传感器的数据输出引脚。

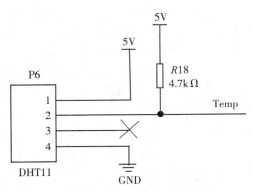

图 2-8　温湿度传感器与 STM32W108 连接原理图

3. 声音传感器引脚 3 与 PA2 引脚相连

如图 2-9 所示，声音传感器的 1 脚接 5V 电源，2 脚接地，3 脚接 STM32W108 单片机的 PA2，为信号输出端。

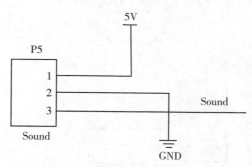

图 2-9　声音传感器与 STM32W108 连接原理图

4. 光敏传感器引脚 2 与 PA1 引脚相连

如图 2-10 所示，光敏传感器的 1 脚接 5V 电源，2 脚接 STM32W108 单片机的 PA1，为信号输出端，3 脚接地。

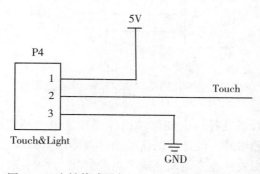

图 2-10　光敏传感器与 STM32W108 连接原理图

从以上例子可以看到，一个单片机可以为多种传感器提供连接方法。不同的传感器有不同的连接引脚，互不冲突。事实上，同一个传感器节点可以同时连接多种传感器，因而具备多种感知能力。再看下面的例子。

5. 超声波传感器引脚 2、3 分别与 PA3、PA4 引脚相连

如图 2-11 所示，超声波传感器 1 脚接 5V 电源，2 脚接 STM32W108 单片机的 PA3，3 脚接 PA4，4 脚接地。

6. 烟雾传感器引脚 2、3 分别与 PA3、PA4 引脚相连

图 2-12 所示的这种类型的烟雾传感器和图 2-11 所示的超声波传感器与 STM32W108 单片机的连接关系一样。

　　烟雾传感器和超声波传感器都需要与 PA3、PA4 引脚连接，说明这两个传感器不能同时在 STM32W108 单片机组成的同一个传感器节点中使用。

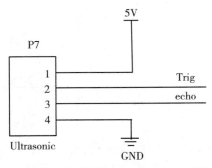

图 2-11　超声波传感器与 STM32W108 连接原理图

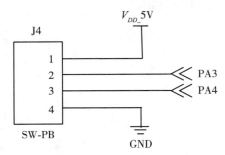

图 2-12　烟雾传感器与 STM32W108 连接原理图

　　有了手册的帮助，对于具备一定硬件知识的用户来说，制作传感器节点硬件不是难事。根据选定的芯片、元器件，设计、制作辅助接口印制电路板，焊接元器件，封装；也可以将原理设计图交给相关专业公司来完成节点的封装。

2.4.3　STM32W108 单片机节点编程方法

　　传感器节点是一个独立的工作系统，一旦被投放在监测区，就要自主地完成对自身软硬件资源的指挥、管理工作，还要自主地完成与其他节点的协调工作。一个独立的节点实际上是一个简化的微型计算机系统，必须拥有一个简单的操作系统或者类似于操作系统作用的管理软件。

　　一般的单片机产品都附带相关的系统软件，这些软件解决了大部分用户所要面对的共性问题，而每个网络都有自己独有的个性问题，例如不同的网络监测的目标不同，有的网络需要监测环境温度，有的网络需要监测水质参数；监测的工作方式不同，如环境监测网络只需要获取环境参数，智慧农业网络还需要根据监测的旱情指挥喷灌系统浇水；获取监测数据的频繁程度不同，如有的网络只需要获得一定时长间隔的环境参数，有的网络需要提供环境指标的连续变化信息。针对网络的个性问题，需要编写对应的应用程序。

　　根据网络需要为网络节点编写应用程序是必须做的事情。为了方便用户，很多成熟的产品都附带了应用例子程序，只要对这些例子程序稍加修改，就能够得到需要的程序。

为芯片开发程序是微机电技术和嵌入式计算领域的一项重要工作，这类程序的开发已经有了成熟的做法和软件开发平台。较为流行的软件开发平台是 IAR Embedded WorkBench，它是 IAR 公司的产品。将 IAR 软件安装在 PC 上，在 IAR 平台上使用 C 语言开发程序。

一般的芯片生产厂商都会为自己的芯片开发提供必要的外部设备。STM32W108 开发硬件是 STM32W108 无线开发板，5V1A 电源，J-Link 烧写器。C 语言程序编译后，编程平台 IAR 将编译好的程序通过 J-Link 拷贝进传感器节点 Flash 单元，实际上是刻录到只读存储器中(也叫烧制)。

2.4.4 建立传感器节点的一般方法

建立传感器节点的一般方法：节点硬件建立或选择完毕以后，就需要根据网络设计意图，选择一些支持网络工作的协议；编程实现这些协议；将程序写进每一个传感器节点的 Flash 存储器(只读存储器(ROM))中。所有的协议实现程序都写入以后，传感器节点就做好了。

同构网络的传感器节点制作方法都相同；对于异构网络，由于存在不同的节点，制作过程必须根据不同的节点要求进行，并且，同网络中不同类型的节点必须执行相同的协议。

在监测区布置好传感器节点，启动节点程序，传感器各节点按照程序中的协议规定，开始自组织网络，网络建立好以后，自动开始工作。

◎ 本章习题

一、填空题

1. 研究传感器节点(　　　　)是传感器网络学科的一项重要内容。

2. 反过来，传感器节点的(　　　　)又是推动传感器网络技术进步的重要动力，往往给传感器网络带来重大的变化。

3. 对传感器节点的基本要求是(　　　　)，低功耗，低成本，稳定性和安全性，扩展性和灵活性。

4. 对传感器节点的低成本要求是由于：①传感器节点一般是(　　　　)设备，收回再次应用的可能性很低；②传感器网络的节点数量(　　　　)，单个节点的低成本对于降低整个网络的造价作用显著。

5. 对传感器节点的稳定性要求是指在(　　　　)条件下，传感器节点要能够长期稳定地工作。

6. 对传感器节点的安全性要求是指在无线传输方式下，传感器节点无线通信的(　　　　)、(　　　　)能够得到保证。

7. 传感器节点(　　　　)性要求：传感器节点要设计成通用性的、能够通过不同接口连接多种常用传感器部件。

8. 传感器节点(　　　)性要求：设计传感器节点时，适当留有余量，以便必要时能增加新的硬件功能，而不必建立新的节点。

9. 传感器节点是由(　　　　　)、(　　　　　)、(　　　　　)以及(　　　　　)等四个单元组成的。

10. 传感器节点是由(　　　　　)连接(　　　　　)而组成的。

11. 传感器种类可大致分为(　　　　　)、(　　　　　)和(　　　　　)三类。

12. 传感器节点存储器主要包括(　　　　　)和(　　　　　)两种。

13. 传感器节点(　　　)存储器中的内容可以被传感器节点所修改，关机后数据(　　　)。(　　　)存储器中的内容不会被传感器节点改变，关机后数据(　　　)，因此传感器节点上的操作系统、程序等都存放于其中。

14. 比较而言，传感器节点随机存储器价格(　　　)，耗电量(　　　)，应该尽可能(　　　)；只读存储器价格(　　　)，耗电量(　　　)，可以(　　　)。

15. 通信单元实现通信双方的无线通信，也就是使用无线通信方式在通信的收发双方之间进行(　　　　　)。

16. STM32W108 单片机集成了传感器节点的(　　　　　)、(　　　　　)和(　　　　　)三大单元于一体，还集成了时钟模块、复位模块、IO 接口等所有集成电路所必不可少的硬件电路。

17. STM32W108 单片机 IO 接口模块为其所支持的多种常用传感器部件配置了(　　　)的接口，这意味着以 STM32W108 单片机为基础构建的传感器节点可以同时连接多种不同的传感器部件。

18. 单片机连接所支持的传感器，必须按照其手册给出的方式，在相应的引脚上连接(　　　　　)，加载指定的(　　　　　)。

19. 为了支持传感器节点的节能需求，单片机的电源管理必须(　　　　　)。

20. 一般环境监测传感器网络所需传输的环境参数数据量很小，能够在极短的时间内完成数据传输，在大量的时间段内实际上无事可做。在传感器节点空闲时间内，安排传感器节点进行(　　　　　)，可以大幅度降低(　　　　　)，延长(　　　　　)。

二、判断题

1. 一个传感器网络所能看到的就是一个个放置在监测区中的传感器节点。　(　　　)

2. 传感器网络的节点可以购买现成的成品，也可以自己制作。自己制作节点最方便的方法是基于单片机制作。　(　　　)

3. 一个传感器节点大致可以分成数据采集单元、数据处理单元、数据传输单元、电源管理单元四大部分。　(　　　)

4. 不同类型传感器节点之间，其数据处理单元、数据传输单元、电源管理单元的功能都是相同或类似的，差别在于数据采集单元。将数据处理单元、数据传输单元、电源管理单元集成在一起构成数据传输单元 DTU，数据采集单元作为与 DTU 相连的传感器部件。这样，DTU 与不同类型的传感器部件相连，就可以很方便地构成不同类型的传感器节点。　(　　　)

5. 数据采集单元就是传感器部件,是由传感器器件和辅助、补偿电路组成的。

( )

6. 数据处理单元中存在处理器和存储器。从处理能力角度看,要求处理器能力越强越好,存储器越大越好。但从耗电量、硬件成本等角度看,要求完全相反。实际选择是两者的平衡或折中。 ( )

7. 比较而言,只读存储器(ROM)价格高、耗电量大,随机存储器(RAM)价格便宜、耗电量小。因此,数据处理单元中尽量多用 RAM 少用 ROM。 ( )

8. 数据传输单元可以看作传感器节点上的无线通信收发机,通过数据传输单元,传感器节点能够与其他同类型传感器节点以无线通信的方式进行数据传输。 ( )

9. 电源管理单元在物理上是一个整体,为传感器节点上各个单元提供需要的、稳定的、持续的、大小合适的电能供应。 ( )

10. 无线通信方式是指 ZigBee、WiFi、蓝牙等以无线电为媒介的无线通信方式,并不包括红外、激光、超声波等声光通信方式。 ( )

11. 单片机是一种集成芯片。 ( )

12. IEEE 802.15.4 标准通信协议就是 ZigBee 网络通信协议。 ( )

13. STM32W108 单片机提供了除天线、传感器敏感元件、电池等不能集成的少数部件之外的所有部件。 ( )

14. STM32W108 单片机的通信模块支持 IEEE 802.15.4 标准通信协议。 ( )

15. 因为 ZigBee 网络是一种常用的传感器网络,所以大部分流行的单片机都支持 ZigBee 通信方式。 ( )

16. 数字电路简单地说就是实现了某种时序逻辑的硬件,对数字电路来说,时钟管理和复位是集成电路必不可少的时序逻辑控制电路。 ( )

17. STM32W108 单片机的时钟管理模块和复位模块是提供传感器节点休眠的关键模块。 ( )

18. IAR Embedded WorkBench 开发软件可以用来为 STM32W108 等多种单片机开发程序。 ( )

19. IAR 平台用 C 语言为单片机开发程序,所开发的程序在 IAR 平台上转化为后缀为 hex 的格式,就是可以烧写进芯片 ROM 中的程序。 ( )

20. 传感器节点是一个独立的工作系统,由操作系统指挥、管理本节点的所有软硬件资源,由各种必要的应用软件来指挥相应的硬件完成各种功能。 ( )

三、名词解释

传感器 单片机 程序烧制 节点休眠状态 无线通信

四、问答题

1. 什么是传感器?什么是传感器节点?

2. 传感器节点有哪些组成部分?

3. DTU 是什么?由哪几个部分组成?

4. 单片机是什么?作为传感器节点的单片机有哪几个组成部分?

5. 查询资料,了解当前市场存在哪些传感器节点产品。

第3章　传感器网络关键技术

在传感器网络发展过程中，根据应用需求，形成了几类关键技术以及围绕这些技术实现的协议、算法。建立传感器网络，需要根据实际应用需求选择其中的一些算法；一旦选择，就需要编程实现、烧制到传感器节点之中。传感器网络的建立需要一系列相关技术的支持，了解、学习这些技术，有利于我们深入理解和应用传感器网络。

3.1　传感器网络通信与组网技术

3.1.1　传感器网络通信技术

传感器网络的无线通信由物理层和数据链路层完成。我们知道，交通系统的建立，不仅要有能够跑动的汽车，还要有管理交通运行的交通规则、交通标志和设施、交通警察等法律法规和管理人员。无线通信与交通系统类似，物理层的主要功能是实现数据传输、通信，类似于能跑的汽车；数据链路层的主要功能是实现无线通信的有效管理，类似于交通管理法规和管理人员。

1. 物理层的作用

物理层的作用就是在传感器网络节点之间建立数据传输链路，进行数据、指令的传输，使所有节点形成一个统一的整体。传感器节点间的通信是无线通信，无线通信的介质包括电磁波、光波和声波，电磁波是最主要的无线通信介质，声波一般用于水下的无线通信。任何无线通信都事先确定了一种适合于通信介质传输的信号。在发送端，物理层将数据转化为这种信号，并通过传输介质发送信号；在接收端，物理层从接收到的信号中将数据提取出来。本章以电磁波为例介绍无线通信相关内容。

1）无线电通信原理

电子设备由天线发出无线电波，基本原理是基于电磁场理论。发射机设备（信息发出者）中产生有频率变化的电流，通过天线导体向周边空间发射与电流频率匹配的电磁场。电磁场是一种电磁波，会向前传播。同样根据电磁场原理，依频率变化的电磁场会在远端的接收机设备（信息接收者）接收天线导体中产生频率变化的电流。

理想情况下，在接收机中可以得到与发射机中同样的电流，"同样"意味着收、发电流具有同样的波形，信号的频率变化是一致的。信息蕴含在变化的频率和波形中，只要发送者按照通信双方的约定来调制发送电流，接收者就能从接收电流中提取出信息。

在实际无线通信过程中，存在着信号衰减、噪声、干扰等诸多毫无规律可言的外界因素，导致信息传输错误的发生。为了避免这种错误，产生了一系列的信号处理技术与方法。

无线电波容易产生，可以传播很远和穿过、绕过建筑物或物体，因而广泛应用于室内或室外的无线通信中。一般的无线电波是全方位传播信号(定向传播无线电波可以形成定向无线通信，这需要复杂的技术处理)，能向任意方向发送无线信号，所以发送设备和接收设备不必要求对准。

2) 无线电通信技术

(1) 调制技术。

调制就是将携带信息的低频电信号和称为载波的高频电信号合成为一路电信号，合成信号就是无线电传输的电信号。

携带了信息的电信号都是低频信号，例如由声波通过麦克风转化而来的语音信号，由摄像机转化而来的图像信号，由编码转化而来的脉冲数字信号，这些携带了原始信息的电信号在通信系统中都是低频信号。低频信号(又称之基带信号)在传输过程中衰减快，传播距离有限，只有少量传输距离近的通信系统(例如局域网)才直接使用基带信号进行传输。

载波是一种频率很高的正弦波信号。由于频率很高，克服了衰减效应，可以传输很远。任何正弦波都有振幅、频率、相位三个参数，对于一个标准的正弦波，这三个参数都是固定不变的常数。调制就是使载波的这三个参数中的任何一个随着基带信号的变化规律而变化(与之对应的调制方式称为调幅、调频和调相)，从而将基带信号变化规律融入载波之中，形成一个携带了基带信息的高频调制信号。接收设备从接收的高频调制信号中提取出载波的调制参数，还原出低频基带信号(这一过程称为解调)。接收设备有自己的谐振频率，其谐振频率与空中传来的同频率无线电波发生共振，才能接收数据，不会接收其他频率的无线电波。所以，收发双方需要事先约定，采取同样的载波频率工作。明确工作频段是无线通信的第一步。

无线电波容易受到干扰，电子设备以及传播介质中无处不在的噪声、其他通信设备发送的同频率或相近频率的信号都会影响接收信号质量。为了对抗各种干扰，基带信号往往经过编码技术或其他技术处理，因而产生了各种门派、多种多样的无线通信技术。同一个区域内也要禁止出现同频率的多对无线电通信，以避免相互干扰。通信频率使用前需要通过申请、注册，未经批准注册的无线电通信是违法的。为了便于用户使用，国际上开放了ISM 频段，此频段主要是开放给工业、科学、医学三个领域机构使用，无须授权许可，只需要遵守一定的发射功率限制(一般低于 1W)，并且不要对其他频段造成干扰即可。

(2) 扩频技术。

扩频又称为扩展频率，扩频通信技术是一种信息传输方式，频带的扩展是通过一个独立的码序列来完成的，用编码和调制的方法来实现。在接收端用同样的码进行相关同步接收、解扩和恢复所传信息数据。

扩频通信与一般无线通信相比，主要是在发射端增加了扩频调制，而在接收端增加了扩频解调。扩频技术的优点包括：易于重复使用频率，提高了无线频谱利用率；抗干扰性强，误码率低；隐藏性好，对各种窄带通信系统的干扰很小；可以实现码分多址；抗多径干扰；能精确地定时和测距；适合数字话音和数据传输，以及开展多种通信业务；安装简便，易于维护。

　　3）调整发射功率节省节点能量

　　传感器网络物理层的作用就是用软硬件方式实现无线通信技术，并用这些技术完成数据的无线传输和通信。节省电能是传感器网络每个组成部分都要考虑的头等大事，物理层也要设法节省节点电能。传感器网络物理层根据节点通信距离，调整工作电压，使信号强度恰到好处，信号衰减的程度不至于影响接收端的正常接收。既保证数据能够正确传输，又减少节点电能消耗。

　　2. 数据链路层的作用

　　数据链路层的基本功能是保障无线通信有序、正确地进行。网络传输是将需要传输的数据组合成一个个传输单元（数据帧），并以数据帧为单位进行传输。网络中使用的是二进制数据，一个数据帧在物理层就是一串二进制数据按照数据帧格式要求重新编排后的数据组合。只有事先知道数据帧的格式，才能从这一串二进制数据中正确获得数据。数据链路层首先对数据帧格式进行规定，统一的数据格式才能被通信各方所识别，才能从传输单元中有效提取出数据。数据链路层还为数据通信规定了统一的流程、规则、方法、步骤，通信的各方据此才能够进行有序的数据传输。

　　在无线通信中，通信节点通过空间与其他节点进行通信，是四通八达的。一个节点在一个时间段内只能接收一个发送节点发来的数据单元，如果有两个以上的发送节点在重叠的时间段内发来数据，这就叫冲突，接收节点是无法接收的。冲突的发生会导致本次发送的数据单元作废，必须重来，因而影响了速度。如果整个网络冲突频发，必然导致效率下降。数据链路层负责指挥各个通信节点的通信，数据链路层的相关规定有效地降低了冲突的发生概率。

　　具体而言，数据链路层用 S-Mac 协议以冲突避免方式规定了在一个特定时间段内，哪些节点可以发送接收数据，哪些节点必须等待，等待多长时间，等待时间过后该如何动作等一整套方法。需要说明的是，并不是某一个特殊节点的数据链路层来管理节点间的通信，而是参与通信的每个节点中的数据链路层通过相互协调、呼应，共同完成网络内节点之间的通信管理工作。

　　数据链路层还规定了数据检错以及错误发生后的处理方法，避免通信错误发生导致错误的信息传输。数据链路层还为用户提供数据加密的选择，在数据帧中用专门的字段对数据是否加密做标记。

　　每个节点的物理层提供的数据传输功能，加上节点数据链路层提供的数据有序、正确传输保障功能，两个功能共同作用，使节点间的数据传输有序地进行，从而保证了传感器网络的正常运转。

3.1.2　传感器网络组网技术

　　组网是在一群独立的传感器节点之间建立必要的联系，连接成一个网络，从而组合成一个整体。

　　在两个节点之间建立联系就是在两个节点之间建立一条无线通信通道，在节点之间传输数据。节点采用无线通信，理论上，一个节点可以与任何方向、任何距离的另一个节点建立数据传输通道，实际上在传感器网络中不是这样的。首先，从网络拓扑关系角度来看，太多的节点连接会导致传感器网络拓扑关系异常复杂，对后续网络管理、数据通道选择都将带来大量难题；其次，从节省节点电能角度，与远距离的节点通信，不仅消耗电能，数据传输质量也不好，因此节点都只与附近的节点保持连接关系。实际上，节点只与附近的少数节点建立连接关系，既保证节点与传感器网络相连，又使网络拓扑结构尽量简单。

保持连接关系的方法是将本节点的节点号与对方节点的节点号组成一个节点号对，并记录在本节点中。在一个传感器网络中，每个节点都有一个独一无二的节点号，因此一个连接关系只需要记录源节点和目的节点的一对节点号，并保存在节点中即可。当需要使用这个连接关系传输数据时，源节点只需要向空间发出带有源节点和目的节点的一对节点号的数据帧。源节点附近的其他节点都可以收到该数据帧。每一个收到该数据帧的节点都会检查该数据帧中的目的节点号，来确定该数据帧是否发给自己。只有目的节点号与本节点编号一致，才可以确定数据是发给自己的，才开始接收数据帧；否则，就不接收数据帧。

组网的过程是这样的。组网前，监测区中随机分布有很多监测环境参数的传感器节点（图 3-1（a）），这些节点此时还是孤立的，彼此没有联系。每个节点启动后，都以无线通信方式向周边发出连接信号，自动寻找附近的其他节点，并与之建立、记录连接关系，这些节点因此而连接成一个网络，不再是孤立的，成为一个整体（图 3-1（b））。特殊的汇聚节点事先就与外界建立了连接关系，这两种连接关系组合在一起，一个传感器网络就完成了组网（图 3-2），一个统一的网络就构成了。

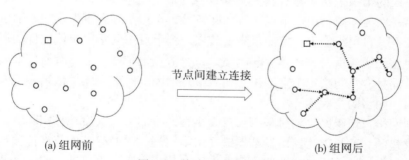

(a) 组网前　　　　　节点间建立连接　　　　　(b) 组网后

图 3-1　传感器网络组网

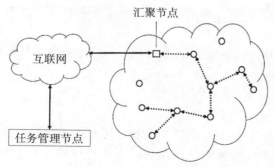

图 3-2　组网完成后的传感器网络

　　汇聚节点是传感器网络的中心，是与外界交流的网关，所有传感器节点采集的环境数据都要传输到汇聚节点，由它交给用户所在管理节点。传感器网络组建的数据通道就是将所有节点与汇聚节点连接起来的通信链路，因此组网的过程就是建立能将节点都能连通到汇聚节点的通信链路。

　　并不是所有节点都能连接上（图 3-1（b）），有很多因素会导致个别节点无法或不必与其他节点连接。例如，由于节点布设的随机性，有的节点因为地形阻碍，无法与其他节点进行无线通信；有的节点因为设备故障无法正常工作；有的节点因为距离超出通信范围而无法连接；进行连接运算的协议需要一定的条件，有些节点因为无法满足协议要求而不能连接；有些节点因为冗余备份需求而暂时不必连上。只要传感器网络能够实现设计要求，个别传感器节点没有连上，不影响大局。

　　无线通信的距离有限，距离汇聚节点很远的传感器节点需要通过许多其他节点以多跳的方式传递才能建立起完整的通信链路。为其他节点传递数据的节点称为路由节点，传感器网络中除了一个汇聚节点，还有路由节点和终端节点两类不同的节点，终端节点只负责采集环境数据，路由节点不仅要采集环境数据还需要为其他节点传输数据。路由节点构成了传感器网络的骨架，路由节点之间的连接关系组成了传感器网络，这就是传感器网络的组网。传感器节点都是通过这个网络建立通向汇聚节点的通道。

　　传感器网络的组网技术细节就是由路由协议规定。路由协议负责建立数据包从传感器节点到汇聚节点的数据传输通道。路由协议有两个功能：①寻找传感器节点和汇聚节点间的优化路径；②将数据包沿优化路径正确转发。

　　路由协议的第一个功能是在传感器网络第一次启动和传感器网络周期性重启时发生的。网络第一次启动前，由于节点布置的随意性，自然不存在事先建立的网络，网络中的全体节点依据其自组织能力，按照事先安装在每个节点中的路由协议软件的运行，在相关节点之间建立无线通道，自动建立起网络。每个节点记录各自上下游通信节点的编号，以后按照记录编号，只与指定节点通信。所有节点的上下游节点编号记录表汇聚在一起，就构成了自组织网络的全貌。

　　传感器网络自组织网络的过程不仅仅发生在网络的第一次启动，实际上，传感器网络是周期性重建的。这是因为路由器节点既要采集数据，又要为其他节点传输数据，工作量相对较大，耗电较快。为了避免路由器节点因电池耗尽而过早报废，路由器节点由所有节点轮换担任，以使所有节点消耗均衡，从而延长整个网络寿命。为此，传感器网络周期性重建，即周期时间一到，再自组织网络，只是在选取路由器节点时，将那些担任过路由器的节点排除在选择范围以外。

　　下面介绍一种常用的传感器网络路由协议，以便于直观地认识传感器网络组网过程和技术。

3.1.3　LEACH 协议

　　LEACH 协议，全称是"低功耗自适应集簇分层型协议"（Low Energy Adaptive Clustering Hierarchy），是一种无线传感器网络路由协议，在分层路由协议中最具有代表性。基于LEACH 协议的算法，称为 LEACH 算法。

1. LEACH 算法思路

该算法是一个循环，一次循环完成三个任务。循环体中的第一个任务是运用群首选择算法，选出一些簇头节点。第二个任务是各个簇头建立自己的簇群，并建立簇群中的数据传输路径。在一个簇群中，所有的节点建立簇内通向簇头的路径，需要传输的数据由簇头转交给汇聚节点。第三个任务就是稳定的数据传输阶段：节点采集环境数据，通过簇内路径，将环境数据交给簇头，由簇头交给汇聚节点。数据传输阶段是传感器网络稳定工作的阶段，这个稳定的工作阶段是有周期时间限制的，周期一结束，立即重新确定簇头，建立簇群和簇内传输通道。

2. 簇头选择算法

作为簇头的节点，能量消耗大。为了避免缩短一些节点的生命周期，簇头必须由大家轮流来当。LEACH 算法用群首选择算法来确定簇头，该算法能使所有节点以相同的概率当上簇头。群首选择算法选举簇头的过程如下：节点产生 $0 \sim 1$ 之间的随机数，如果这个数小于节点中存储的阈值 $T(n)$，则发布自己是簇头的消息。一个已经当选过簇头的节点将自己的阈值设置为：$T(n) = 0$，则无论产生什么随机数，都不会小于阈值，因此就不会再成为簇头了。n 是与未当选过簇头的节点数量相关联的参数，如只剩下一个节点未当选，该节点的阈值 $T(n) = 1$，则该节点一定会当选。

3. 确定簇内传输路径

成为簇头的节点向外发布消息，周边非簇头的节点能够收到消息，甚至能够收到多个簇头发布的多个消息。非簇头节点选择一个距离最近的，作为自己的上级簇头，记录并保存上级簇头的节点编号，从而与它建立直接联系。簇头发布的消息含有簇头节点编号；非簇头向自己的上级簇头发布簇头节点编号和自身节点编号，两个编号构成一个通信对。为了避免簇内无线通信冲突，一个簇内的不同通信对，要在不同的时间段进行通信。所以，簇头要为簇内的所有通信对安排一个时间上不重叠的时间段。为了避免簇与簇之间的冲突，不同簇群之间通过安排不同的载波频率，簇群之间即使有多个通信对同时通信，由于它们工作在不同频段，不会互相干扰。

4. 稳定传输阶段

各个节点在自己的时间段，以自己的载波频率与簇头进行通信，簇头负责与汇聚节点直接联系。通信既包括采集的环境数据通过汇聚节点传输到用户管理节点的上行数据传输，也包括操作指令从用户管理节点通过汇聚节点到普通传感器节点的下行数据传输。

LEACH 算法有效地平衡了传感器网络各节点的功耗，延长了整个网络的寿命。但簇头只与汇聚节点通信，极大地限制了网络的覆盖范围。改进的 LEACH 算法，使簇头可以通过其他节点与汇聚节点通信。

3.2 时间同步

传感器网络中各个节点都是一个独立的系统，都有自己的计时系统，称为本地时钟，其指示的时间为本地时间。

系统都会有误差，计时系统也一样。随着系统运行时间的延长，时间误差累积越来越大。不同节点的计时系统误差情况各不相同，不同节点系统时间误差累积结果会导致不同节点间彼此的本地时间有很大差异。即使在某个初始时刻，通过时间校准，保证各节点计时时间都严格一致，但随着时间的累积，不同系统间的时间计量差异越来越大，不再一致了。

不同节点时间不一致或者节点本地时间与标准时间有差异，都会造成某些应用出现困难甚至不可能，因此，传感器网络必须具备调整各节点本地时间、消除节点之间或节点本地时间与标准时间不一致的能力。在一个统一的时间点，对所有节点的本地时间进行调整，使网络各个节点的本地时间计时重新取得一致。时间同步就是将多个已经出现误差的计时系统的时间调整成一致的操作。

时间同步的一类做法是将本地时钟调整到与某个时钟源一致。所有节点的计时系统都与该计时系统对准，就使所有节点的计时数完全一样，从而实现时间同步。

时间同步的另一类做法是不改变本地计时系统的时间，而是记录本地时钟与时钟源的差异值。用这个差异值进行计算，可以很容易地将节点本地时间调整为与该时钟源时间一致。保留差异值的做法适合于具有多个时钟源的场合，因为时钟源的时间也不一定准确，多个时钟源之间也可能有时间差异。改变一个节点系统时间值，只能针对一个时钟源，保持与该时间源的同步。要保持与多个时间源的同步，只能采用记录与各个时钟源差异值的方法。

3.2.1　时间同步的重要性

很多物理量必须有时间标度才有意义，例如测量的环境温度必须伴有对应的时间和地点，否则这个温度值不能说明问题。传感器节点不仅要提交监测的环境参数值，还要同时提交与之对应的时间和地理坐标。这就要求网络中各节点的系统时间必须是精确的，最低限度也要是同步的。节点间时间同步的要求，不仅体现在监测环境数据方面，还体现在传感器网络的多个方面。

1. 节点状态切换

很多环境数据，例如温度、湿度、光照度等，随时间缓慢变化，没有必要连续监测。传感器网络一般根据采样时间间隔要求，采用周期性采集数据的方式工作，在一个工作周期中，在相对较短时间的工作状态下，进行一次数据的采集与传输后进入相对较长时间的休眠状态。进入休眠状态是为了节省能量，因为在休眠状态下，传感器节点大部分硬件子系统处于关机状态，能量消耗极小。

数据的发送与接收需要参与通信的两个节点都处在工作状态。如果通信的一方仍处在休眠状态，通信的另一方需要首先唤醒它，这需要消耗额外的能量。理想的情况是所有传感器节点同时进入工作状态、同时进入休眠状态。传感器网络中的每个传感器节点其系统时间保持同步，对于所有节点同步进行状态切换至关重要。

1)时分多路复用

时分多路复用就是一套通信系统由几对通信分时段共同使用。

无线通信一般数据量小，通信时间极短，一次通信完成以后，等待下一次通信。系统大量的时间其实是处于等待状态。在一路通信处于等待时，让另一路通信开始运行，这就可以降低系统总体等待时间，提高系统利用率，用户对此的体验为网络速度更快。无线通信中大量使用时分多路复用技术。

时分多路复用是一种提高应用效率的管理技术，指系统将一个工作时间周期再划分成若干个时间段，并将时间段分配给系统中的子设备。每个子设备在各自的时间段中可以运作执行，在非自己的时间段内必须让路，不能运行。时分多路复用的好处是每个子设备都在一个工作周期内有所动作，显得都在连续执行，另一方面大幅度压缩了系统的空闲时间，提高了系统的利用率。

传感器网络各节点之间采用时分多路复用技术协调工作，一个节点会要求其他相关节点严格按照事先的规定，在不同的时间段，做规定的动作。如果节点间时间不同步，就无法完成事先规定的工作。

因此，传感器网络中的时分多路复用机制要求各节点系统时间同步。

2) 节点定位

传感器节点布置是随机的，布网前节点的地理坐标不确定。环境参数必须有地理坐标属性，因此在传感器网络能够采集环境数据前，必须使用定位协议和算法计算节点的地理位置坐标，首先要求计算节点之间的距离。节点定位算法依靠信号的速度和信号发出时间以及信号到达时间之间的差异计算距离，信号发出时间由发送节点时间系统确定，到达时间由接收节点时间系统确定。这就要求发送节点与接收节点的时间系统同步。

因此，为了准确地进行节点定位，要求各节点系统时间同步。

3) 运动目标监测

传感器网络监测运动目标，需要报告目标在不同时刻所处的位置和运动速度、方向。该运动目标附近的多个节点报告某时刻与运动目标的距离，管理节点根据这些距离和各节点的地理坐标，可以解算出运动目标当前的位置坐标。又可根据相邻时刻运动目标的位置差异，计算出运动目标的速度和运动方向。这种计算的前提条件是每一时刻参与监测运动目标的节点时间系统同步。

因此，为了进行运动目标监测，要求各节点系统时间同步。

3.2.2 时间同步的种类

传感器网络依据任务的不同，有时并不要求传感器节点时刻保持严格一致。在一些对时间要求不严格的场合，也可以适当放松对时间同步的要求，毕竟时刻保持时间严格同步会付出较大的代价。对于时间同步的要求，有以下三个不同层次。

1) 绝对同步

时间绝对同步就是调整节点的本地时钟与某个基准时间(例如北京时间)一致。

2) 相对同步

节点不调整本地时钟，只是存储它与其他节点之间的时间偏差值。利用记录的时间差，本节点可以计算出对方节点的时间值，而不去关心本节点与对方节点哪个时间系统更准确(即与北京时间更接近)。

3) 排序

排序要求，层次最低。它不需要精准的事件发生时间，只需要获得多个事件发生的先后顺序信息。这时，允许节点计时系统存在一些误差，只要这些误差不会大到导致事件发生的先后顺序发生改变即可。

时间同步有下列基本种类。

1) 就同步所用的时间基准源而言，有外同步与内同步

时间同步需要以一个时间系统的时间作为标准，其他时间系统与之看齐。作为标准的时间系统就是时间源。作为时间源的时间系统可以来自外部，例如互联网上提供报时服务的时间服务器上的时间系统，可以来自北斗、GPS 等导航系统，也可以来自网络内部某个节点的时间系统。如果时间源在网络外部，就是外同步；如果以网络内部的某个节点的系统时间为校准时间源，则为内同步。

以网络外界的时间源为参考标准，一般是对时间精度要求较高的场合，要选择精度高的外部时间参考源。典型的外同步方式是：一个或几个被称为时间基准的传感器节点通过 GPS 接收机获得 UTC 时间并据此修改自己的系统时间；靠近时间基准节点的其他节点通过与该节点的信息交换和时间同步算法，校准自己的系统时间。这样，从时间基准节点开始，由近及远，实现全网节点与 UTC 时间间接同步。最为极端的例子是传感器网络中所有节点是时间基准节点，都带有 GPS 接收机，与 UTC 时间直接同步。

外同步对于作为时间基准的传感器节点要求很高，节点要配备作为 GPS 接收机的传感单元，接收 GPS 卫星信号也会带来较大的能源消耗，对该节点的寿命影响很大。如果一个网络中所有节点硬件配置完全一致，这样的网络称为同构网络，否则就称为异构网络。同构网络更好组建（所有节点的硬件软件设置都一样），更好布局（所有节点都一样，布局没有特殊要求，可以更随意），也更好管理，因此尽可能构建同构网络。但在同构网络中，作为时间基准的节点由于需要经常接收卫星信号，耗电量较大，在设计网络时，需要有所考虑，避免成为网络寿命的弱点之一。

在很多场合，我们对时间精度要求没有那么高，可以在网络内部找一个系统时间作为基准时间源，这种做法就是内同步。

内同步：时间同步的时间参考源来自网络内部某个节点的系统时间。内同步就是选择一个节点的系统时间为基准，其他节点的系统时间都调整为与该时间基准一致。

2) 就同步的范围而言，有局部同步与全网同步

局部同步是指参与同一事件的所有节点实现时间同步。全网同步是指网络中所有节点都实现时间同步。

3) 就同步的方式而言，有发送者-接收者同步与接收者-接收者同步

(1) 发送者-接收者同步：发送者发出记录了发送时间的数据单元，接收者记录接收时间、接收数据单元、读出发送时间；接收者根据发送时间和接收时间计算与发送者的时间偏差，从而实现与发送者的时间同步。这里忽略无线信号传输时间或者估计一个很小的信号传输时间，毕竟传感器网络节点一般彼此相距很近。

(2) 接收者-接收者同步：这种同步方式中，有一个发送者，若干个接收者。所有接收者在各自完成与发送者的同步以后，彼此交换自己与发送者的时间偏差；然后每个接收者，计算并记录与其他接收者的时间偏差，从而实现接收者之间的时间同步。

3.2.3　时间同步算法

具体的时间同步工作是由时间同步协议和算法来完成的。下面我们介绍几种较为成熟的传感器网络时间同步协议和算法。

1. RBS 算法

RBS 是 Reference Broadcast Synchronization 的缩写。RBS 算法是一种经典的时间同步算法，该算法采用接收者-接收者同步机制，实现接收节点间的相对时间同步。其基本思想是：多个节点接收同一个同步信号，在这些接收节点之间实现同步。

下面说明该算法完成时间校准的具体操作过程：

（1）发送者发出一个对时参考分组，发送范围内的节点都能接收到该分组；

（2）每个节点根据本地时间记录接收时间，节点 i 的记录为 t_i；

（3）每个节点通过广播方式交换记录时间，这样节点 i 就能收到其他节点发来的接收时间 $t_j (j=1，\cdots，n；j \neq i)$；

（4）节点 i 记录各个时间差 $\Delta_j = t_i - t_j (j=1，\cdots，n；j \neq i)$，节点 i 根据该时间差 Δ_j 修改自己的系统时间 $(t'_i = t_i - \Delta_j)$，就能达到与节点 j 系统时间的同步（即节点 i 修改后的系统时间 t'_i 与节点 j 的系统时间 t_j 同步）。

需要说明的是，节点 i 并不修改自己的系统时间，只需要保留它与各个节点之间的时间差 $\Delta_j (j=1，\cdots，n；j \neq i)$，在需要精确时间时，通过把本节点的系统时间减去 Δ_j 就实现了与节点 j 的相对时间同步。

但实际上，由于节点工作环境的恶劣以及节点硬件本身质量不高等因素的影响，测得的时间差 Δ_j 本身就会存在误差，包括随机的偶然误差和节点时间系统本身不准（节点时钟快了或慢了）所带来的系统误差。RBS 协议采用统计技术，通过多次发送时间参考分组，获得接收节点之间时间差异的平均值，以消除各种偶然误差的干扰；对于系统误差，采用线性回归方法进行线性拟合，找出误差规律加以消除，以此提高时间同步精度。

图 3-3 中拟合的直线反映了两个节点时间的系统差异（实际差异没有这么大，近乎水平线）关系。系统误差表现为，两个节点时间系统的差异会随着时间的流逝而发生变化，例如节点 i 时钟相对于标准时间快了，节点 j 时钟相对于标准时间慢了，那么两个节点之间的时钟差异会随时间发生变化。图 3-3 中直线用方程 $\Delta_j = a_j \cdot t_i + b_j$ 表示，节点 i 只要根

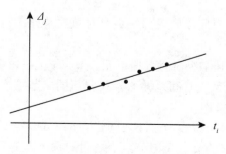

图 3-3　采用线性回归方法进行误差校正

据上次同步并记录的 Δ'_j 和 t'_i 以及自己当前的系统时间 t_i，用方程就能计算出当前的 $\Delta_j = \Delta'_j + a_j(t_i - t'_i)$，也就可以根据当前的 Δ_j 实现与节点 j 的时间同步。

系统差异有规律，较为稳定。一旦获得并保存两个节点之间的系统差异规律（也就是 a_j、b_j 参数），可以直接使用它进行特定时刻的节点时钟差异计算，进而完成两个节点间的时钟校准。因此，不再需要发送者发出一个对时参考分组来启动下一次时间校准。

RBS 算法采用两两结对方法，依次实现节点间的时间校准。

在传感器网络范围大于单个节点广播范围的情况下，RBS 算法也能发挥作用。如图 3-4 所示，节点 A 和 B 分别通过发送对时参考分组，使各自范围内的节点完成彼此之间的时间校准，又通过一些诸如节点 4 的公共节点，将不同范围之间节点的时钟信息关联起来。

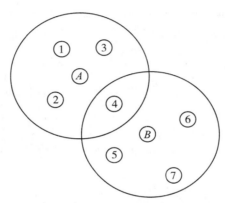

图 3-4　通过中间节点实现时钟信息关联

RBS 算法是在应用层实现时间同步。这样做的优点是时间同步操作与 MAC 层分离，因而不会受限于应用层能否获得 MAC 层时间戳，协议互操作性好；缺点是每个节点都使用广播方式向其他节点发信息，导致网络内部总的通信量太大。

2. 自适应的 RBS 算法

自适应的 RBS 算法针对 RBS 算法通信量大的问题做了改进。自适应的 RBS 算法的具体操作过程如下：

（1）同步节点 S 在一个时间段内发出一组对时数据单元，每个数据单元中都含有数据单元发出时间 t_s；

（2）每个接收节点 i 收到一组对时数据单元，节点 i 记录每个数据单元到达时间 t_i；

（3）每个接收节点生成系统时间差异图，获取与同步节点之间的系统差异规律，如图 3-5 所示；

这个过程是同步节点 S 与接收节点 i 之间进行的发送者-接收者时间同步，并且是用多对数据线性回归直线获取的节点 S 与节点 i 之间的系统差异规律，直线用方程 $t_s = a_i \cdot t_i + b_i$ 表示。如果两节点之间没有时间误差，直线是一条斜率为 1、截距为 0 的直线；误差的存在使该直线与理想状态稍稍有了偏差。

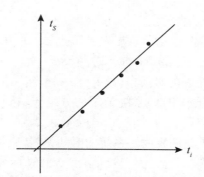

图 3-5 接收节点 i 与同步节点 S 之间的时间系统差异规律

（4）每个接收节点将生成系统时间差异图（实际上是直线参数 (a_i, b_i)）发给同步节点 S；

（5）同步节点 S 广播各个接收节点的系统时间差异图构成的数据表；

（6）每个接收节点接收到该数据表，就获取其他接收节点与同步节点的系统差异图，通过对比自己与同步节点的系统差异图，得到与该接收节点之间的系统差异图；

例如，节点 i 与节点 S 的系统差异图为 (a_i, b_i)，节点 i 收到的节点 j 与节点 S 的系统差异图为 (a_j, b_j)，则节点 i 就可以计算出它与节点 j 的系统差异图为 (a_j-a_i, b_j-b_i)，节点 i 只要根据自己当前的系统时间 t_i，用方程 $t_j=(a_j-a_i)t_i+(b_j-b_i)$ 就能计算出节点 j 当前的系统时间 t_j，实现与节点 j 的时间同步。如果两节点之间没有时间误差，直线是一条与 x 轴重叠的水平线，误差的存在使该直线与理想状态稍稍有了偏差。

（7）各个接收者形成两两之间的系统差异图，用该图可以完成彼此之间的接收者-接收者时间同步。

在这种算法中，每个接收节点只需要和自己的同步节点（在这里是节点 S）进行无线通信、交互数据，网络通信量将大大减少。

3. Tiny/Mini-Sync 算法

Tiny 和 Mini-Sync 算法是两种类似的轻量级时间同步机制，可放在一起说明。它们的思路是：假设节点的本地系统时间偏移都是线性的，则两个节点之间的时间偏移也是线性的，通过交换时标，对偏移时间进行修正。具体做法是：

（1）节点 1 向节点 2 发送时标分组，其中记录了节点 1 时间系统发送时间 t_0；

（2）节点 2 收到时标分组，记录分组收到的节点 2 时间系统的时间 t_b，并立即将时标分组发回；

（3）节点 1 收到该时标分组，记录节点 1 时间系统分组收到时间 t_r；

（4）节点 1 从该时标得到 t_0，t_b，t_r 三个时间；$t'_b=(t_0+t_r)/2$ 与 t_b 的时差，就是两个节点之间的系统时差 Δ，节点 1 修改自己的系统时间或记录时间偏差。

这两种算法是一种精度较差的校准方法。

时标分组中记录的 t_0，t_b，t_r 三个时间，是由两个不同的时钟系统记录的，其中 t_0，t_r 是节点 1 记录的，t_b 由节点 2 记录；两个系统有相对偏差，因而 t_b 与 t_0，t_r 是不一致的。算法的目的就是要找出它们的偏差大小，实现两种时间校正。

分析整个过程，一个时标分组从节点 1 发到节点 2，并立刻由节点 2 发回节点 1，并带回了 t_0，t_b，t_r 三个时间值，供节点 1 进行时间校正。t_r，t_0 来自一个系统，没有偏差；t_r-t_0 是分组在两个节点之间往返的时间，$(t_r-t_0)/2$ 是分组从节点 1 传输到节点 2 的时间，$t_0+(t_r-t_0)/2=(t_0+t_r)/2$ 是节点 1 时钟系统记录的分组传输到节点 2 的时间；t_b 是节点 2 时钟系统记录的分组传输到节点 2 的时间；$t_b'=(t_0+t_r)/2$ 与 t_b 是分别由两个时钟系统记录的同一个时刻，它们的差值就是两个时钟系统的时间偏差。

之所以说这类方法精度差，是因为传输到节点 2 的时标分组不可能立即发回节点 1，节点 2 首先要记录分组到达时间，再将记录时间写入分组才能传回。这样，t_r-t_0 不仅包括分组在两个节点之间往返的时间，还包括节点 2 对分组的处理时间。这个处理时间越长，对最终得到的两节点时钟时间偏差精度影响越大。

多接收几组时标，求平均值，可以提高精度。

Tiny/Mini-Sync 算法是两种传输数据量较小的时间同步协议，适用于 WSN 这种带宽有限、数据传输能力和处理能力较弱的网络。

4. TPSN 算法

TPSN 是 Timing-sync Protocol for Sensor Network 的缩写，TPSN 算法是建立在网络具有树形层次结构的基础之上，也就是说只有在建立了树形层次结构的传感器网络中才能用 TPSN 算法进行时间同步。

传感器网络在刚启动时，首先要做的就是用路由协议在网络内部传感器节点之间建立传输数据的逻辑通道，形成网络结构。在网络正常工作时，依靠这些逻辑通道在传感器节点之间传输数据。传感器网络结构的形式有多种，其中一种是树形层次结构，是由网络路由协议建立的一种逻辑数据通道。

TPSN 算法所要求的网络树形层次结构是以汇聚节点为树根的。汇聚节点与几个称之为"簇头"的传感器节点建立逻辑通道，并且只与簇头进行数据交换；每个簇头与几个称之为"小簇头"的传感器节点建立逻辑通道，并且这些小簇头只与这个与它们连接的簇头进行数据交换；每个小簇头与附近的还没有建立任何连接关系的传感器节点(称为终端节点)建立逻辑通道，并且这些终端节点只与这个与它们连接的小簇头进行数据交换。所有传感器节点就通过这样多层次的树形结构连接起来，构成整个网络。网络结构宛如一个倒置的、由树根、树枝、树叶组成的树结构，其中，汇聚节点是树根，是 0 级；终端节点是树叶，它的下面再没有连接节点了，是末级；中间级的簇头都上连一个父节点(也称上级节点)、下连若干个子节点(也称下级节点)。整个网络的层次数量、网络结构取决于网络中节点的数量、节点的分类以及路由协议的执行过程。

在建立了树形结构的网络中，每个节点只有一个父节点、若干个子节点(汇聚节点作为树根没有父节点，终端节点作为树叶没有子节点)相互传递数据。TPSN 算法的时间同步就是在上下级节点之间进行的。

TPSN 协议需要网络生成层次树结构，很多网络数据传输也需要层次树结构，整个网络只需要生成和维持一个共享的树结构。网络中的每一个节点在网络的建立过程中都分配到一个网络内部唯一的 ID 编号，每一对上下级的连接关系只需要记录上下级两个节点的ID 编号。

TPSN 协议操作过程分为生成层次阶段和时间同步阶段。

1)生成层次阶段

生成层次阶段也称为层次发现阶段，是网络路由建立或自组织网络阶段，为每一个节点确定节点在树形网络结构中的层级。这一阶段的基本要求是：从 0 级根节点开始，为每个传感器节点赋予一个级别编号，下级节点建立一个与上级节点的连接。这一阶段的过程是：

(1)根节点是 0 级，从根节点开始，广播"级别发现分组"，分组中包括各自的 ID 编号和级别编号。

(2)邻节点收到分组后，将发出"级别发现分组"的节点作为各自的上级；将收到的级别编号+1 作为各自的级别编号；记录上级节点 ID 编号以建立各自与上级节点的连接关系；每个新发展的下级节点根据上级节点 ID 编号向上级节点报告各自的 ID 号，使上级节点知道各自有哪些下级节点，这种一个上级节点带若干个下级节点的结构成为树形网络的基本结构；确定了级别编号的节点，再向周边广播各自的"级别发现分组"以发展各自的下级节点；已经完成级别编号的节点，不再接收这类分组，以避免形成重复路径。

(3)这个过程持续进行，直到每个节点都赋予一个级别，过程自动停止。

2)时间同步阶段

一个上级节点和各自的若干个下级节点之间，使用基于发送者-接收者的时间同步算法进行时间同步，其中发送者是上级节点，接收者为该上级节点的所有下级节点。具体步骤如下：

(1)根节点广播"时间同步分组"；

(2)每个节点收到各自的上级发来的时间同步分组，各自等待一个随机时间(避免碰撞)，分别与各自的上级交换消息，同步时间(如何同步见后面"时间同步计算方法")；

(3)完成与上级同步时间的节点，广播各自的"时间同步分组"开始进行与各自下级的时间同步；

(4)此过程一直重复，直到所有节点完成时间同步，过程自动结束。

下面介绍 TPSN 算法中采用的"时间同步计算方法"。

设上级节点为 R，其时间计时系统没有偏差(用 t_R 表示)；其下级节点为 S，时间计时系统有偏差(用 t_S 表示)；t_S 有偏差，t_R 是标准时间；节点 S 需要得到标准时间进行时间校准。

节点 S 通过两次消息交换获得必要信息(图 3-6)：S 在 T_1 时刻向 R 发送消息，经过时间延迟 d，R 在 T_2 时刻收到；经过必要处理以后，R 在 T_3 时刻发出回应消息，经过时间延迟 d，S 在 T_4 时刻收到回应消息。

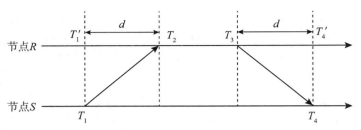

图 3-6　TPSN 相邻节点间时间同步的消息交换

节点 S 收到的回应消息中包含 T_1、T_2、T_3、T_4 四个时间，其中，T_1、T_4 是由有偏差的节点 S 计时系统 t_S 记录，T_2、T_3 是由无偏差的节点 R 计时系统 t_R 记录。如果偏差为 Δ，则 t_S 与 t_R 的关系为：

$$t_R = t_S - \Delta \tag{3-1}$$

或

$$t_S = t_R + \Delta \tag{3-2}$$

式 (3-1) 说明，将有偏差计时系统记录的时间减去偏差值，就得到正确的时间。例如，已知一只手表快了 10 秒，它所指的当前时间 0 时 0 分 10 秒实际是 0 时 0 分 0 秒。

如果 T_1、T_4 所对应的正确时间用 T_1'、T_4' 表示（图 3-6），则依据公式 (3-2) 有：

$$T_1 = T_1' + \Delta, \quad T_4 = T_4' + \Delta$$

根据图 3-6，$d = T_2 - T_1' = T_4' - T_3$，结合公式 (3-1)、公式 (3-2) 可以得出，节点 S 计时系统相对标准时间节点 R 计时系统的偏差：

$$\Delta = \frac{(T_4 - T_3) - (T_2 - T_1)}{2} \tag{3-3}$$

数据由节点 R 传输到节点 S 所需的时间也可以计算出来：

$$d = \frac{(T_4 - T_3) + (T_2 - T_1)}{2} \tag{3-4}$$

3.3　节点定位

在地理信息领域，位置信息是采集数据不可缺少的属性，没有位置信息的数据在很多场合都没有意义。每个传感器节点必须知道自己的地理坐标，并在传输采集的环境参数时，附加上自己的地理坐标值。在传感器节点是随机部署的情况下，网络中大部分节点位置无法事先知道，因此这类网络必须提供节点定位方法，在网络启动后自行计算节点坐标值。人工布设的传感器网络，可以在布设每个节点时，测量节点坐标值，并保留、记录在节点中。

无线传感器网络节点定位是指自组织的传感器网络，在网络组成完成以后，通过特定的方法自动计算出传感器节点位置坐标。

3.3.1　定位技术基本概念

节点定位内容涉及很多概念，下面介绍几个常用概念。

（1）信标节点（beacon nodes）：又称为锚节点（anchor node）或参考节点，是网络中已知坐标位置的节点，其他节点坐标的确定要以信标节点的坐标值为参考。

（2）未知节点（unknown nodes）：又称为盲节点（blind nodes），指信标节点之外的所有需要确定坐标的节点。

（3）邻居节点（neighbor nodes）：两个相近的节点，如果能够彼此进行直接的无线通信，这两个节点就互为邻居节点。传感器节点通信距离与通信功率有直接关系，节点通信功率大，通信半径就大，但耗电量大会缩短节点使用寿命，因此在保证正常通信的前提下，节点尽可能调低自己的通信功率。一般情况下，网络中所有节点通信功率设置为同样大小，每一个节点的通信距离一样，因此，一个传感器节点通信半径以内的所有其他节点都是该节点的邻居节点。邻居节点之间无论实际距离是多少，只要能够直接通信的，距离都为一个跳段或跳步。

（4）跳数（hop count）：两个节点之间间隔的跳段总数。如果两个节点距离太远或节点通信功能不足够大，就不能直接通信。这两个节点必须通过一个或若干个中间节点进行接力，才能实现间接通信。跳数反映中间节点的数量。

（5）跳段距离（hop distance）：两个节点之间跳段距离之和。一个跳段间隔的两个相邻节点，存在实际间隔距离，这里的实际间隔距离就是跳段距离。如果两个节点通过多个中间节点进行间接通信，那么这两个节点之间就有多个跳段，每个跳段都有各自的跳段距离，这两个节点之间的所有跳段距离之和就是这两个节点之间的跳段距离。

（6）网络密度（network density）：节点通信半径区域内的传感器节点平均数量。每个节点都有一定数量的邻居节点，所有节点的邻居节点数量的平均值，就是网络密度。由于不同节点的通信半径区域会产生重叠，处在重叠区中的节点必须重复计数。

（7）到达时间（time of arrival，TOA）：信号从一个节点传到另一个节点所需时间。到达时间既可以是直接通信到达时间，也可以是间接通信到达时间，取决于这两个节点是否为相邻节点。

（8）到达时间差（time different of arrival，TDOA）：两种不同传播速率的信号，从一个节点传输到另一个节点所需时间差。例如，一个节点向另一个节点分别用无线电信号和超声波信号进行通信，由于电波和声波传输速度的差异，两种信号传播的时间一定存在差异，这个差异就是到达时间差。

（9）到达角度（angle of arrival，AOA）：节点接收信号方向相对自身轴线的角度。传感器节点作为一种电子设备，存在一个自身的坐标系。设备自身从左到右水平方向为 X 轴，从下到上垂直方向为 Y 轴。有了坐标轴，节点就可以根据信号来源方向和坐标轴方向确定信号到达角度。

（10）接收信号强度指示（received signal strength indicator，RSSI）：节点接收信号强度大小。无线信号空间传播信号功率衰减很快，传感器节点作为电子设备能够感知所接收信号的功率大小。RSSI 常用来计算信号源的距离，但由于无线信号传播过程中存在直射、反射、折射等多种复杂情况，接收的信号强度是多路信号强度的叠加，直接使用 RSSI 计算距离，容易导致误差。

（11）视距关系（line of signal，LOS）：两节点之间没有障碍物，可以直接通信。有些信号只能直线传播，例如激光、微波等。对于这些信号，两节点之间如存在障碍物，会阻断通信。

（12）非视距关系（non-line of signal，NLOS）：两节点之间有障碍物，不能直接通信。

3.3.2　节点定位算法

1. 节点定位算法分类

目前已经开发出许多节点定位算法。这些算法出于不同的考虑，使用不同的技术。根据不同的分类标准，所有的定位方法可以做如下分类：

1）基于测距的定位和与测距无关的定位

根据算法的定位过程是否需要精确的距离、角度等参数来划分；需要的，就是基于测距的定位方法，不需要的，就是与测距无关的定位方法。

2）绝对定位和相对定位

根据是否需要给出节点精确地理坐标来划分。有些算法，在理论上给出了坐标的精确计算方法，这样的定位算法称为绝对定位算法。下面要介绍的多边定位算法就是典型的绝对定位算法。有些算法使用周边若干个锚点坐标来估算当前节点的地理坐标，例如下面要介绍的质心算法用周边若干个锚点围成的多边形质心作为当前节点的地理坐标。这类依靠估算定位的方法就是相对定位算法。

3）集中式定位和分布式定位

集中式定位是指将定位所需信息传输到某个中心节点（也可以是传感器网络之外的某台计算机），由中心节点进行计算；分布式定位是指利用节点间的信息交换，由节点自行进行定位计算。

2. 基于测距的定位技术

基于测距的定位技术是先测量节点之间的距离，再根据若干节点之间的几何关系计算出节点的位置。具体计算步骤是先测量节点之间的距离，再利用多边几何关系定位，其中的关键是测距。

在无线通信中，测距的方法常常是测量到达信号的强度、信号传播的时间等。

（1）接收信号强度指示（RSSI）。无线电波是一种电磁波，在均匀媒介中向四面八方传播。非定向的无线电通信都是以信源为球心的球面波进行信号传输，如图 3-7 所示。

如果发射机的发射功率为 P_T，在理想情况下没有任何无线电信号衰减，发射机的发出功率 P_T 始终均匀地分布在球面波上。设球面波上单位面积上的功率为 P_R，存在如下关系：

$$P_T = P_R \times 4\pi r^2 \tag{3-5}$$

接收机接收的信号功率大小取决于接收天线有效面积在球形波上截取的面积大小，接收天线有效面积越大，在同等条件下，接收信号功率越大。这就是我们发展有形的大型天线和无形的合成孔径天线的原因。

r 是球形波的半径，也是接收机与发射机的距离。在理想情况下，P_T 无衰减，保持不

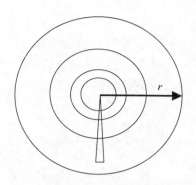

图 3-7 非定向无线电传播示意图

变，是一个恒定数，则 P_R 与 r^2 成反比。可见，即使在理想情况下，单位面积接收功率也会随着传输距离的增加而减少。

若考虑环境影响，无线传输信号功率衰减更大。工程上认为，P_R 与 $r^n(n>2)$ 成反比，n 的取值大小反映了环境因素对无线电通信的影响程度，环境因素造成的信号衰减越大，n 的取值越大。在实际应用中，n 的取值可以通过现场测试方式获得。n 确定以后，根据它们确切的数学关系，可以由接收信号强度计算出距离 r。

对于无线通信接收设备而言，接收信号强度很容易通过测量接收信号获得，但接收天线收到的不仅是直射信号，还有反射和折射信号。由于反射和折射信号的多少和大小受到环境中多种因素的影响，随时间和地点的不同都会发生变化，难以消除，所以，用接收信号强度进行测距的主要问题是折射、反射的信号强度会导致计算距离的误差较大。

（2）到达时间（ToA）。通过信号传送时间来估算两节点之间的距离，原理十分简单。只要知道信号传播速度，记录了信号离开源节点的时间和到达目的节点的时间，利用 $S = vt$ 就能计算两节点之间的距离。但在传感器网络中，由于两个节点之间的距离很近，这种方法适合于超声波等传输速度较慢的信号。无线电信号速度太快，传输时间太短，因而受时间测量精度的影响很大，不适合。

运用这种方法，首先要求两个节点预先实现时间同步。然后，源节点发出一个包含了发出时间的数据包，目的节点记录数据包的到达时间，并根据数据包发出时间和到达时间及信号传播速度，计算出两者之间的距离。

作为信号的声波，其传播速度受环境湿度、温度的影响有很大的变化。

（3）到达时间差（TDoA 方法）。源节点用两种传播速度不同的信号同时发出，利用到达目的节点的时间差计算两者之间的距离：

$$s = (t_2 - t_1) \frac{v_1 v_2}{v_1 - v_2} \tag{3-6}$$

这种方法能够在某种程度上减少环境温湿度对信号速度的影响。

3. 多边定位

一个需要定位的节点坐标，其坐标值可以用多个锚节点坐标计算出来，锚节点是坐标已知的节点。计算一个待定位节点的坐标，需要几个锚节点？如果待定位节点的坐标为二维坐标，需要至少 3 个锚节点坐标；如果待定位节点的坐标为三维坐标，需要至少 4 个锚节点坐标。一般而言，锚点数量越多，得到的精度越高。

下面以用 3 个锚节点确定一个未知节点二维坐标的例子来说明求解方法和过程。

设待定位节点坐标为 (x, y)，3 个已知锚节点坐标为 (x_1, y_1)，(x_2, y_2)，(x_3, y_3)，与未知节点的距离已经测出，分别用 d_1，d_2，d_3 表示。

可以列出未知节点分别到 3 个锚节点的距离公式，组成如下方程组：

$$\begin{cases} (x - x_1)^2 + (y - y_1)^2 = d_1^2 & (1) \\ (x - x_2)^2 + (y - y_2)^2 = d_2^2 & (2) \\ (x - x_3)^2 + (y - y_3)^2 = d_3^2 & (3) \end{cases}$$

其中，(2)-(1)，(3)-(1) 可以抵消变量平方项，整理得：

$$\begin{cases} (x_1 - x_2)x + (y_1 - y_2)y + (d_1^2 - d_2^2 - x_1^2 + x_2^2 - y_1^2 + y_2^2)/2 = 0 \\ (x_1 - x_3)x + (y_1 - y_3)y + (d_1^2 - d_3^2 - x_1^2 + x_3^2 - y_1^2 + y_3^2)/2 = 0 \end{cases}$$

这是一个形如 $a_i x + b_i y + c_i = 0$ 的二元一次方程组，只有 x，y 是变量，其他都是已知数。可解得到 (x, y)，从而得到位置节点的定位地理坐标。

对于二维定位坐标，3 个锚节点是最少的要求，只有 3 个锚节点列出 3 个初始方程，才能形成二元一次方程组，求解最终结果。同理，如果需要定位坐标为 (x, y, z) 三维坐标，至少需要 4 个锚节点，列出 4 个初始方程，来求解一个三元一次方程组。3 条边定二维坐标，4 条边定三维坐标，这是不能再少的信息量。如果其中任何一条边距离测量不准确，都会给节点定位精度带来误差。

如果有 n 个已知锚站点，则信息量更丰富，可以抵消一条或几条边测距不准的误差影响，测量精度更高。对于一个待定位的未知节点（以二维平面坐标为例），可以测得该节点与 n 个锚站点的距离，从而得到 n 个距离公式；采用相减的方法，去除以公式中未知变量的平方项，可以得到 $n-1$ 个二元一次方程；这 $n-1$ 个一次方程可以组成形如 $AX = b$ 的

向量表达式，其中 $X = [x, y]^T$，$b = [c_1, c_2, \cdots, c_{n-1}]^T$，$A = \begin{bmatrix} a_1 & b_1 \\ \vdots & \vdots \\ a_{n-1} & b_{n-1} \end{bmatrix}$，最后可得 $X =$

$(A^T A)^{-1} A^T b$。X 是定位节点坐标的向量形式，整个计算过程是最小二乘方法，也是测量平差基本方法。根据测量知识，X 计算结果充分利用了 n 个锚站点的信息，得到的精度很高。

4. min-max 定位方法

以距离 3 个锚节点的距离确定未知节点的定位方法称为"三边定位法"，其几何关系如图 3-8 所示，待定位节点的位置就是 3 个圆的交点，这 3 个圆分别以锚节点为圆心、以锚节点到待定位节点距离为半径，用上述方法可以计算出待定位节点二维坐标。

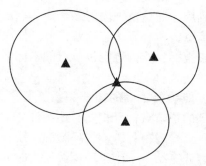

图 3-8 三边定位法示意图

3 个不同圆心、不同半径的圆要相交于一点，是不容易的，3 个圆心、3 个半径这 6 个要素彼此之间相互约束，还要求半径精度很高。但这里是无线通信的节点，环境影响因素多，折射、反射现象变化复杂，节点到锚点的距离难以获得准确值，只能获得一个一定范围内波动的大概距离，这个波动范围用 min-max 表示。这样，以锚节点为圆心画出的就是分别以 max、min 为半径的大小圆所组成的圆环，待定位节点就在 min-max 确定的圆环上。在存在 3 个锚节点的情况下，待定位节点在 3 个圆环的重叠部分，如图 3-9 所示。

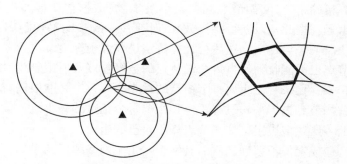

图 3-9 待定位节点所在范围示意图

3 个圆环交汇区域内接六边形，这个内接六边形的 6 个顶点都是一个大圆和另两个小圆的交点（如图 3-9 所示），依据这种关系，可以计算这 6 个顶点。内接六边形的质心坐标，就是待测节点坐标。这种方法不精确，但简单速度快。

3.3.3 不测距的定位技术

测距定位一般计算量都很大，最终的计算精度依赖于节点之间的测距精度。如果测距精度不高，即使计算量再大也不能有效提升精度。如果对传感器定位精度要求不高，可以采用不测距的定位技术，粗略确定节点位置，这样至少可以减少计算量。下面介绍几种较为经典的算法。

1. 质心算法

每一个锚节点都周期性向周围邻居广播数据包，数据包中包含该节点 ID 编号和定位坐标；一个待定位节点会收到周边通信范围内的多个锚节点数据包，从而得知这些锚节点的存在和位置坐标。待定位节点的质心算法将这些锚节点依次连接，形成一个包围待定位节点的多边形；多边形的质心坐标，作为待定位节点的坐标估算。实际就是这些锚节点坐标的均值。

质心算法简单、开销小，能确保正确的拓扑关系，但毫无疑问是不准确的。可以想象，如果两个待定位节点收到的锚节点信息相同，那么计算结果是两个节点坐标相同。此外，环境湿度会对无线通信距离造成很大影响，环境湿度小，通信距离远，待定位节点收到更多的锚节点信息，其定位计算结果不同于环境湿度大时的定位结果。因此，节点定位坐标计算结果受定位算法启动时的外部环境影响。该算法只能应用于对节点定位精度不高的场合。

2. DV-Hop 算法

该算法首先计算网络跳段的平均距离。

每个锚节点向其他锚节点广播标明自己坐标位置的数据包，数据包或直接到达其他锚节点，或经过若干中间节点传递、经过几个跳步间接到达其他锚节点。同样，每个锚节点也能直接、间接收到所有其他锚节点的坐标信息；锚节点根据彼此的实际距离(锚节点坐标已知，可以计算精确距离)和两节点间的最小跳步数(数据包在传递过程中依次记录所经过的中间节点编号，据此可以获得跳步数)，计算每一跳步的平均距离，再将这个距离作为全网络每一跳段的平均距离。然后再计算待定位节点坐标。

每个待定位节点也都能收到发自每个锚节点的数据包以及所记录跳段路径；待定位节点建立并保存一张表，记录自己距离每个锚点的最小跳步数，并能根据新的消息更新自己的记录表；每个待测节点根据平均跳步距离和距离每个锚点的最小跳步数，估算与每个锚点的距离；根据上节所述多边定位法，节点算出自己的坐标。

在本算法中，造成定位不精确的原因有两个：①全网络跳段的平均距离不能准确反映本节点传输路径上的跳段距离；②这种距离计算方法只适合于整个传输路径为直线的情况，而多数情况下，整个传输路径为折线。

3.4　能量管理

由于硬件的限制，传感器节点只能配备能量有限的电池。对于大多数的应用，电池续电、更换电池非常麻烦，甚至不可能。节点的生存期主要取决于电池生存期，电池能量耗尽关系到传感器网络生命周期。不同于其他的关键技术只聚焦一个点，节能在传感器网络中的各个环节中都是头等大事，在传感器网络中各个环节都要考虑节能问题，传感器网络的节能工作是由传感器网络中各个环节共同来完成的。

3.4.1　能耗来源分析

在一个多跳的传感器网络中，节点发挥以下两种作用：

数据源：每个传感器节点的主要作用是通过各种传感器收集环境数据。数据产生来源于感知的环境，经过信号处理，然后经发射传输到邻近的传感器节点，经过多跳传输到汇聚节点。

数据路由：传感器路由节点除了作为数据的采集者外，还负责转发其邻接节点传输的数据。低功耗限制了节点的无线通信数据传输距离，在监测区较大的网络中，需要采用多跳通信的方式将数据传输到汇聚节点。即传感器节点负责接收其邻节点的数据，并且根据路由把这些数据传输到它的邻节点。

传感器节点产生功耗的三个主要部分是：采集数据、数据处理和通信，分别由传感器、CPU 和通信模块产生。

1. 数据采集过程能耗的产生

前文已经介绍了传感单元及其组成部分。由于应用的特点和传感器种类不同，采集数据的功耗是不同的。长周期性的间歇式数据采集比短周期或连续的监控消耗更少的能量；事件检测的复杂度也会影响到功耗大小，环境背景噪声的强弱会导致检测复杂度的变化。

不同类型的传感器系统通常是由传感器、低噪声前置放大器、抗混叠滤波器、ADC 和一个 DSP 组成。各组成部分都存在功耗，其功耗大小不难通过计算和测试获得。影响传感器功耗更重要的两个因素是采样的频率和采样数据的精度要求。

高频率的采样增加了单位时间内采样的次数，无疑会导致更高的功耗。应该基于应用需求，调整采样率。例如，温度感知应用，温度的变化比较缓慢，可以将感知时间间隔设置为几分钟甚至几十个小时。采样数据的精度也可以根据需要进行调整。对于传感器而言，采样数据精度的提高可能是以更复杂的 ADC 电路或者增加操作的次数为代价的。有实验表明，为了使 ADC 提供更准确的结果，将电路中数据表达位数由 8 位增加到 10 位，其结果是功耗增加了大约 4 倍。因此，为了节能，采样数据精度不必太高，够用就行。除了调整采样频率和采样精度以外，传感器节点能量管理还应该考虑休眠模式。采样频率的降低，使传感器节点不工作的时间延长，当传感器节点在某段时间内不需要工作时，就应该切换到更加节省能量的休眠模式。

2. 数据处理过程能耗的产生

传感器节点具有计算能力，其计算能力是通过微处理器内部运行的数字逻辑实现的，而数字逻辑依靠大量的 CMOS 晶体管上 0、1 状态的翻转来表达和动态运行，0、1 状态是用不同的电压来表示的。因此，集成电路逻辑运算有两个参数，V_T 是阈值电压，规定了 0、1 状态电压值的大小，f 是时钟频率，规定了 0、1 状态翻转的时间间隔。

用于数据处理的功耗依赖于可控的电源电压和时钟频率。对于每个时钟频率值，存在一个最低提供电压级别。在不影响程序运行过程逻辑推算前提下，把供电电压和时钟频率尽可能降低，是一种降低运算功耗的有效方法。在任务较少时，简单地降低时钟频率不会影响任务的按时完成；而供电压会根据时钟频率的降低而进一步降低，从而达到二次节省功耗的效果。

虽然降低供电电压会使处理器峰值性能降低，但是并不是每时每刻都需要处理器性能达到峰值。在不需要高性能的时候，通过调整处理器的工作电压和频率，能够动态地适应瞬时处理需求，获得更好的节能收益。

3. 通信过程能耗的产生

数据通信消耗了传感器节点最多的能量。在节点收发的通信功耗中，节点的数据发送、数据接收和空闲三个状态消耗的能量差不多。当传感器节点不需要发送和接收数据时，通过关闭处于空闲状态的收发机，使其进入休眠状态，可以节省大量能量。

收发机是由发射机和接收机两部分电路组成的，收、发数据功耗分别是收、发机电路电子器件消耗的能量。测试结果表明，发送数据功耗略高，发送和接收数据的功耗基本相同。对于通信距离而言，短距离通信可以调低发射功率，功耗较低。

除了处于发射和接收状态以外，收发机在非工作期间可切换为休眠模式，以节省能量。收发机在不同模式之间的转换不是瞬间完成的，也需要消耗额外能量。收发机由休眠状态切换为活跃状态(发送或接收)产生的功耗被称为启动功耗。启动功耗不容忽视，过于频繁的切换会使大量的电能消耗，因此，并非一空闲就休眠，如果预计空闲时间不长，就不要进入休闲状态。此外，收发机由发送状态变为接收状态，或由接收状态变为发送状态，都会消耗能量，但这种能量消耗不可避免，也就不被能量管理所关注。

在讨论通信功耗时，常使用一个详细的通信功耗模型，以一个通信周期为限，该通信周期开始于一个节点发送数据包到邻节点，止于邻节点发回的一个响应。这个周期消耗的总能量包括启动功耗、发送功耗、收发状态转换功耗和接收功耗。启动功耗和收发状态转换功耗大小相对固定，发送功耗和接收功耗与数据量的大小有直接关系，减少数据的通信量对于一个通信周期内的能量消耗意义重大。

4. 影响能耗大小的因素

根据上面的分析，传感器节点的耗电部件主要是传感器、处理器和通信单元；通信单元的无线电广播活动又可以细分为数据传输状态、数据接收状态、空闲状态和休眠状态四部分。针对 MicaZ 传感器节点所做的实验表明，数据传输状态、数据接收状态、空闲状态的电量消耗程度相当，如果用 100% 表示，那么，CPU 运行功耗约为 40%，传感器数据采集功耗约为 3%，休眠状态功耗约为 1%。

对传感器节点耗电状况有影响的还有传感器节点运行过程中的因素。主要分为采样频率对能耗的影响，通信距离对能耗的影响，通信数据量对能耗的影响。

1) 采样频率对能耗的影响

传感器采集数据对电能的消耗极小，但每一次数据采样，都意味着一个工作周期的开始，随之而来的是数据的处理、数据的传输。因此，尽量减少采样次数能够极大地节省电能。事实上，环境参数在很多情况下短时间内变化很小(例如环境温度)，采样间隔的设置应该与环境参数有所变化的时间长度相当。不同环境参数变化周期长短不一，因此，不同环境参数的采样周期，应该由任务管理节点确定，并通过给传感器节点下指令来实现。环境参数数据量很小，通信时间极短，在等待下一次采样、数据处理和传输的工作周期时间段内，应将传感器节点转入休眠状态。工作状态和休眠状态的相互转换，也需要任务管理节点通过汇聚节点给传感器节点下指令来实现。事实上，工作时间段比休眠时间段要短得多，传感器节点在大部分时间内处于休眠状态，这使得传感器节点的能耗大为节省，电池的使用寿命得到大幅度提高。任务管理节点对传感器网络的合理管理和应用，是传感器网络延长生命周期最重要的因素。

2）通信距离对能耗的影响

传感器节点之间一般采用无线电通信方式，无线电通信距离的差异，对节点耗电量有很大影响。传感器节点一般采用非定向通信，即无线电波以球面波向外传输。接收天线有效截面与无线球面电波相交，获取相交截面上的电能。如果截取的电能足够强，无线电波携带的信息可以被接收节点获得，信息得以从发射节点传输到接收节点。

无线球面电波能量随着传输距离的延长快速衰减。在没有任何外界干扰的理想情况下，假设发射功率为 P_0，球面表面积 S 与半径 r（也就是无线电传输距离）的关系是：

$$S = 4\pi r^2 \tag{3-7}$$

接收节点处球面波单位面积上的接收功率是：

$$P_r = \frac{P_0}{4\pi r^2} \tag{3-8}$$

虽然增大接收天线有效截面可以增加接收端接收功率，但对于一般的无线通信设备，天线增加程度有限，接收功率与式(3-8)相当，一般以式(3-8)作为接收功率。从另一个角度来看，对于非定向无线电通信，为了保证接收节点功率为 P_r，发射节点发射功率必须达到 $4\pi r^2 P_r$。

为了保证接收端能够收到信息，发射端需要加大发射功率 P_0。无线通信距离的增大会使信号能量 P_r 的衰减急剧增加，用一个理想的模型进行说明。发射节点的发射功率为 P_0，接收节点与发射节点的距离为 r，则接收节点的接收功率 P_r 如式(3-8)所示。为了比较功耗差异，在发射节点和接收节点之间的直线上等距离地插入 $n-1$ 个节点，用 n 个 r/n 短距离传输代替一个 r 长距离传输，如图3-10所示。

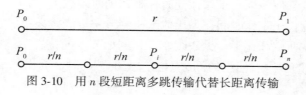

图 3-10　用 n 段短距离多跳传输代替长距离传输

假设 P_s 为每个节点正确接收信息所需的最小接收功率，则图3-10中上一行的发送端，由于传输距离为 r，最小发送功率为 $4\pi r^2 P_s$。下一行的 n 个发送端最小的发送功率为 $\frac{4\pi r^2}{n^2} P_s$，参与此次传输的 n 个节点的总发送功耗为 $P_0 + P_1 + \cdots + P_{n-1} = \frac{4\pi r^2}{n} P_s$。对比上一行的最小发送功率 $4\pi r^2 P_s$ 可见，短距离多跳传输不仅使每个节点的功耗大为降低，而且传输数据的总功耗也得到降低。

从传感器节点节电的角度来看，为了避免增加发射功率而增加能耗，需要减小节点之间的通信距离，这就要求传感器网络节点分布密度足够高。

在有干扰存在的实际通信环境下，通常认为接收功率为：

$$P_1 = \frac{P_0}{4\pi r^n} \tag{3-9}$$

式中，$n>2$，n 的具体取值取决于环境中干扰因素的影响大小。

3）通信数据量对能耗的影响

就单个传感器节点而言，通信数据量的大小与能耗成正比关系。数据量越大，通信时间越长，通信部件工作时间越长。就整个传感器网络而言，为了管理方便，一般所有节点都是同步工作的，同时进入工作状态，同时进入休眠状态。如果个别节点通信数据量太大，工作状态时间过长，会使其他节点无法进入最为节能的休眠状态，而导致全网功耗增大。因此，从节能的角度要求每个节点的数据帧不能太大。

3.4.2　降低能耗的措施

1. 同步工作同步休眠措施

传感器网络所有节点以同步工作、同步休眠的方式进行数据采集工作。很多工作本身就需要多个节点同步工作。无线电通信，需要收发双方同时工作；目标定位，需要几个节点同时测量与目标的距离，才能解算出目标当前的位置。传感器网络采集的环境数据不仅有反映环境状态本身特征的数值，还有地理坐标属性和时间参数属性，例如温度，只有指明某个地点、某个时刻的温度值才有意义。只有所有节点同步工作、同时采集数据，才能根据不同时刻的状态数据，描述出状态变化趋势。

此外，同步工作还简化管理。如果不同步，部分节点处于工作状态，另一些节点处于休眠状态。由于一些工作需要多节点协同，势必会造成一些节点等待另一些节点被唤醒、进入工作状态，既造成管理混乱，又增加额外电能消耗。只有各节点严格同步，才不会造成工作流程混乱，既简化了管理，又节省了电能。

因此，所有节点都应该同步工作，同时休眠，同时唤醒。

因为休眠时间远长于工作时间，采用休眠机制节省电能效果很好。一个传感器网络一旦投入使用，很多东西就固化了，无法改变了，例如节点的位置不能变动了（可移动节点除外），节点内运行的程序、使用的算法不能改变了。此时，利用休眠机制降低能耗成为能量管理的主要手段。

2. 路由协议措施

传感器网络启动以后，按照路由协议的规定和要求建立网络的拓扑结构，不同的路由协议会导致不同的网络连接结果。网络建立好以后，每个节点记录、保存所连接的上下级节点，并且只与自己的上下级节点交换数据。因此，网络成型以后，拓扑关系稳定不变。

网络中的不同节点，在正常工作中，毫无疑问存在着能量消耗上的差距。例如，有的节点需要较远距离的传输，因而需要更大的发射功率；一些节点由于网络位置的原因，成为网络通道上重要的路由节点，比其他节点更多更频繁地担负转发其他节点数据的工作，因而消耗更多电能。耗电更多的节点使用寿命更短，这些节点的失效可能导致整个网络的失效，成为木桶效应中的短板。为了最大限度地延长网络使用寿命，应该尽量平衡每个节点的能量消耗，使每个节点的使用寿命尽可能相同。

使用路由协议，通过改变网络结构，可以改变网络中各节点的能耗。例如，对于长距离的直接通信关系，可以采用多跳传输的间接通信方式来替代；对于耗能较多的路由节点，采用角色互换方式，这就需要定期重启网络，重建网络结构，在重建时，曾经担任过路由节点的传感器节点不再选用为路由节点。

因此，在传感器网络中，路由协议不仅在网络建立时发挥作用，还在网络节能方面起到独特的作用。多跳通道的建立以及定期通过重组网络交换角色，这些工作只能由路由协议来完成，也是路由协议对节能措施的贡献。在传感器网络中，路由协议追求的是连通、节能，与互联网中追求的最短、最快、费用最小等目标有所不同。

3. 数据融合措施

路由节点是下游路由节点以及终端节点的数据通道，下游采集的数据都要由该节点汇集并通过建立的数据通道向汇聚节点转发。路由节点下游节点越多，越靠近汇聚节点，转发的数据量越大。

发送数据。这是传感器节点中耗电量最大的操作，减少发送数据量可以显著地节约电能。在传感器网络中，减少数据量的途径是消除重复数据、降低数据冗余度，重新组合数据单元，减少数据帧首部数量。

消除重复数据。重复数据的产生主要是由于节点的部署太过密集，导致节点监测区重叠，由不同传感器节点采集的、来自同一地区的环境数据显然是重复的。重复的信息对网络信息获取毫无意义，又会消耗传输能量，应该尽量在源头处消除。这需要负责转发的路由节点，将下级节点发来的数据包打开，读出数据进行比较，重复数据只保留向上级传输的一份，其他的抛弃。

重新组合数据单元。网络传输的都是网络协议规定好格式的数据单元，真正需要传输的环境监测数据只作为数据单元的一部分。环境数据往往数据量极小，更多的数据来自数据单元格式中的其他数据结构，就如每个人都开小轿车出行，运输效率不如满载的大交通车高。针对措施是路由节点将收集的多个数据单元合并成一个数据单元，以此降低首部数据数量，减少无效数据占比，有效提高网络信息传输效率。

这些工作由数据融合协议解决。数据融合算法可以采用多种标准，对多种数据类型进行融合处理，目的是从数据中提取必要信息，然后进行传递。既保留必要信息又减少数据量传输是数据融合的根本目的。数据融合需要进行数据处理，数据处理也需要消耗一定能量，但和数据传输消耗的能量比较，能耗有显著降低。传感器节点 CPU 与计算机 CPU 相比，能力有显著差异，因此不能将计算机上的数据处理程序简单地移植到传感器节点，必须针对传感器节点 CPU 能力开发一些简单的数据处理程序。

3.5 目标跟踪技术

目标跟踪是传感器网络对进入监测区范围内的运动目标进行连续的、实时的位置测定，并将目标运动轨迹报告给任务管理节点。

当目标进入监测区范围，由于目标的辐射特征、声传播特征和目标运动过程中产生的地面震动特征，传感器会探测到相应的信号。

最简单的传感器是双元检测传感器。传感器有一个感知范围，用最大探测半径表示。对于双源检测传感器，只有两种侦测状态，即目标处于传感器侦测范围之内或之外。任一时刻，当目标以一定的速度进入传感器半径时，传感器检测为"1"，否则为"0"。当网络探测到目标后便开始利用特定的跟踪算法和通信方式进行目标定位跟踪。

常用的运动目标跟踪策略有以下三种，它们在有效性、节能性等方面有所不同。

1）完全跟踪策略

网络内所有探测到目标的传感器节点均参加跟踪。这种策略消耗的能量很大，造成较大的资源浪费，为数据融合与消除冗余信息增加了负担，但这种方法提供了较高的跟踪精度。

2）随机跟踪策略

网络内每个节点以其概率参与跟踪，整个跟踪以平均概率进行跟踪。这种策略由于参与跟踪的节点数目得到了限制，因而可以降低能量消耗，但跟踪精度不能保证。

3）协助跟踪策略

网络通过一定的跟踪算法来适时启动相关节点参与跟踪，通过节点间的相互协作进行跟踪，既能节省能量又能保证跟踪精度。协作跟踪策略是跟踪算法的最好选择。

以一个点目标被跟踪的情况为例说明跟踪过程。当一个点状目标运动进入监测区，如果处于侦测状态的传感器节点接收到的感知信息超过一定程度，就能探测到目标。探测到目标的节点会把探测信息及时发送给汇聚节点。汇聚节点从多个传感器节点收到探测信息以后，经数据融合处理，报请任务管理节点，由管理节点上的程序或用户做出目标是否需要跟踪的结论。如果目标需要被跟踪，传感器网络将使用一种跟踪运动目标的算法。随着目标的运动，跟踪算法将及时通知合适的节点参与跟踪，开始如下过程：

（1）网络内的节点以一定的时间间隔从休眠状态转换到监测状态。

（2）传感器节点检测到目标进入探测范围后，向汇聚节点发出信息数据帧。信息数据帧中包含了传感器节点的身份编号和传感器节点位置坐标，以及运动目标在探测范围内的持续时间。

（3）当汇聚节点接收到若干个传感器节点发来的信息以后，用目标定位算法计算出目标位置坐标；汇聚节点研判目标在下一个监测时刻的位置，确定并启动下一轮参与监测的节点。

（4）循环这一过程，直到目标离开监测区。

在这个过程中，还需要解决目标定位算法和跟踪节点选择两个关键问题。

（1）目标定位算法。

节点的传感器只能判断目标是否在侦测范围内，而不能检测运动目标与节点的距离，因此，一个节点的检测结果只能确定包含目标的圆形区域。但监测节点不会只有一个，而是有很多个，它们都会将自己的监测结果转发给汇聚节点。在节点足够密集的情况下，任何时刻都有多个节点同时侦测到目标的位置区域。这些节点侦测范围的重叠区域是一个相对较小的区域，目标就处于这个重叠区域内，这样就能相对精确地确定目标的位置。

（2）跟踪节点选择。

协作跟踪的核心问题是如何选择下一时刻的跟踪节点。如果选择了不合适的节点，可能导致能够跟踪目标的节点数量不够而降低了跟踪精度。最糟糕的情况是丢失跟踪目标，则要启动更大范围内的大量节点进行监测，重新找回、锁定目标。这会导致产生大量数据帧，产生多余的通信代价和数据融合处理代价，因此需要提高目标位置估计的准确性。

在一个小的范围和一个监测周期内，假设目标是匀速运动，可以估算目标在下一个监测周期的大致位置，运动方向和运动速度可以由前两个监测周期目标的位置进行估算，那么目标运动轨迹近似为一条折线。由于时间短、范围小，这样的假设很接近目标运动的真实轨迹。在估算位置一定半径内的节点可以作为下一个监测周期的跟踪节点。

3.6 数据融合技术

3.6.1 数据融合概述

一个传感器可以监控周边一定范围内的所有目标；反过来，一个目标可能被周边多个传感器所监控。对多个观测值进行综合分析从而得到一个目标的观察结果，这个分析过程就是数据融合。

数据融合的基本作用就是几个数据源相互取长补短，最后得到一个质量超出原来任何一个数据源质量的数据。例如，我们熟知的遥感影像融合就可以用一幅几何分辨率低、辐射分辨率高的影像与同一地区的几何分辨率高、辐射分辨率低的另一幅影像融合出一幅几何分辨率和辐射分辨率都高于原来两幅的影像。

在传感器网络中，数据融合还有减少数据传输量、降低网络能量消耗从而延长网络寿命的作用。在任何工作都要考虑节能的传感器网络中，数据融合的节能作用更具有意义。

在高覆盖度的无线传感器网络中，邻近节点的感知区域重叠，各节点感知的信息存在冗余。如果每个节点都将自身数据发往数据处理中心，将出现大量重复数据，浪费网络带宽，过多消耗节点能量，降低网络生存周期。为了避免这些问题，将沿着同一路径同时传输的多个数据单元先收集起来，使用数据融合技术，去除重复数据，消除冗余无效的信息，然后再进行传输。使用数据融合技术可以减少数据传输量，达到降低能耗、延长网络生存周期的目的。

3.6.2 数据融合作用

数据融合作为一种数据处理方法，发挥了多种作用，有着广泛的应用。在传感器网络中，数据融合主要在以下方面发挥作用。

1. 节省整个网络的能量

网络节点分布需要监测范围相互重叠，重叠区域监测数据存在冗余，冗余数据全部传递导致能量浪费，数据融合去掉冗余信息，使需要传输的数据最小化，从而使得能量消耗最小化。

2. 增强所收集数据的准确性

传感器网络要求节点造价低，带来的后果是硬件简化、性能降低，因而单个传感器节点质量打了折扣，测量精度可能本来就不高。有时为了节省能量，还会有意降低观察精度。此外，单个节点由于电量下降、使用损耗导致性能进一步下降，单个传感器节点监测数据存在较高的不可靠性。对监测同一目标的多个节点采集数据进行综合，可以有效提高获取信息的精度和可信度。因此，采用数据融合技术，可以用低质量的设备进行多次重复测量，得到高质量的测量结果。经验表明，小范围的局部数据综合效果大幅优于大范围局部数据综合和全局数据综合效果。

3. 提高收集数据的效率

数据融合减少了需要传输的数据量，从而减轻了网络的拥塞状态，降低了数据传输延迟。数据融合减少了分组数量，降低了碰撞、冲突风险，提高了网络运行速度。

3.6.3　数据融合方法分类

数据融合方法与应用高度相关。不同的网络，采用不同的传感器，采集的数据类型差异很大，冗余数据产生的来源各不相同，采用的融合方法必须具有针对性。具体的融合方法很多，有必要进行分类。

进行任何分类前需要确定分类标准。对数据融合方法进行分类，通常根据以下标准进行分类：①根据融合前后数据信息含量分类；②根据数据融合与应用层数据语义的关系分类；③根据融合操作的级别分类。

1. 根据融合前后数据信息含量分类

1）无损融合

所有信息细节都保留，只是将多个数据分组合并成一个数据分组，不改变各个分组数据内容。这种方法只是减少了分组首部数据量，还减少了分组数量，可降低传输多个分组而消耗的传输控制开销。但融合后的数据单元数据量大幅增加，该数据单元在传输过程中的传输时延增加。

2）有损融合

牺牲少量不重要信息或降低数据质量，换取存储或传输的数据量大幅度地减少。信息损失的上限是要求保留应用所需的全部信息，也就是舍弃掉的信息是对后续应用不重要的信息类型。有损融合方法可以使数据量显著降低，但这种降低是以损失信息为代价的，注意保持必要的信息，是有损融合方法的关注点。

2. 根据数据融合与应用层数据语义的关系分类

1）依赖于应用的数据融合

"依赖于应用"是指算法的应用对象、应用场合等针对性很强，符合针对目标的，算法效果良好，反之，大打折扣。因此，对于这类算法，我们只将其应用于特定的目标。例如，我们熟知的 JPEG 图像压缩算法，是对图像进行有损压缩的著名算法，压缩率高，图像信息损失少。这种压缩方法是利用图像相邻像素间的相关性强的特点，因而对影像文件压缩效果好。对于非影像文件，缺乏数据间相关性可利用，压缩效果不好。

2）独立于应用的数据融合

"独立于应用"直意是与应用无关系，完整的意思是不论是何种应用的数据，算法都能处理，都按照同样的方法进行处理。就是说，该融合算法是一种通用算法，对所有的数据都能够用相同的方法进行处理。例如，以字节为单位进行压缩的霍夫曼编码方法，因为针对对象是字节，可以忽略一切数据的格式特点，所以可以对任何类型的数据进行压缩，是一种独立于应用的压缩方法。

通用型算法由于忽略了大量数据特征，相当于放弃了一些可利用的条件，因而数据处理效果往往不佳。例如，就遥感影像压缩而言，JPEG 压缩方法可以很容易得到十几倍、几十倍的压缩率，而霍夫曼编码方法压缩率一般难以达到一倍以上。但通用型算法因为通用性好，在一些场合受到欢迎。

3. 根据融合操作的级别分类

1）数据级融合

对传感器采集的全部数据直接使用融合算法进行融合，是最底层的融合。

2）特征级融合

这是面向监测对象特征的融合。从原始的全部数据中，抽取出带有特征信息的数据，进行融合。先通过对原始数据的特征进行提取处理，从数据中提取出包含信息的特征，再抛弃数据，传输特征。因为特征已经包含了需要的信息，因此只需要保存和传输特征即可。表达特征的数据量比原始数据量要小得多，因此数据融合效果更好。

3）决策级融合

如果采集环境数据是为了做出某种决策，如果传感器节点 CPU 能力足够强，能够进行复杂的数据处理，那么可以在传感器节点采集数据现场，对采集数据进行运算、处理，直接做出决策，并只传输决策结果。做出的决策就是其融合结果，其数据量比原始数据量小得多，在这三类融合方法中效果最好。但如果做出决策需要多个节点的采集数据，那么单个传感器节点就无法完成决策级融合。

为了便于理解以上三种级别数据融合的差异，现举例说明。

某种系统，能够利用道路交通监测摄像头测量道路上的车辆流速，将全市所有道路车辆流速汇集为全市道路交通实时状态图，通过手机发送给司机，可为司机提供道路选择服务。

这个系统的每个摄像头节点是系统的硬件组成基本单元，每个摄像头获取的原始数据是视频数据。视频数据量由一帧帧图像构成，数据量很大。获取车流速度的方法是，从实时视频中提取一定时间间隔（例如 1 秒）的影像帧，通过对比两幅图像，找出车辆在图像上的移动距离；将图像移动距离换算成路面实际距离，再根据间隔时间很容易得到车辆速度。

　　如果传感器节点直接向系统后台传输视频数据，由后台计算机进行车辆速度求解，传输数据量巨大，有必要用数据融合技术减少传输数据量。在这个例子中，可以选择多种级别的数据融合方法。

　　第一类方法：传输视频到后台，由后台根据视频计算车流速度。对视频数据采用无损压缩方法进行数据压缩，然后再传输到处理中心，这就是一种无损融合，也是数据级融合。如果对视频数据采用有损压缩方法进行数据压缩，有损压缩算法能够获得比无损压缩高出很多的压缩比。这是一种有损融合，也是数据级融合。

　　第二类方法：只抽取、传输关键影像帧，由后台根据关键影像帧计算车流速度。节点不传输整个视频，只传输计算需要的数据影像帧。视频每秒钟至少需要 24 帧影像才能形成连续的动画，如果按照每 1 秒取一帧的时间间隔抽取特征影像，传输数据量至少降为视频传输的 1/24。如果视频的帧频更高（例如 60Hz），抽取间隔更长（例如 2 秒），数据融合量可以达到更大。这种从原始数据中只抽取和传输能够表现特征的数据融合，就是特征级融合。特征级融合比数据级融合具有更高的数据量裁减能力，融合层次更高一级，但要求节点具备一定视频处理能力，能够从视频中抽取关键帧。

　　第三类方法：节点本身根据视频自己计算出速度值，然后传输计算出的速度数据。如果连接摄像头的传感器节点其处理部件足够强大，可以在节点处自行进行图像处理，求解车辆速度，那么该节点只需要传输一个自己计算出来的速度值。这类方法可以显著减少网络中的传输数据量，但需要节点具有强大的处理能力。

　　通过这个例子可以看到，高层次的融合可以显著减少数据量，但相应地对节点处理能力要求有很大的提高。如果节点有足够的处理能力，则应尽量使用高级融合方法。

　　摄像头是一种传感器，但组成一个城市交通监控并提供交通信息服务的网络不再是传统意义下的传感器网络，至少它们的数据传输方式不一定是无线传输。这里主要说明不同数据融合级别之间的差异。

　　下面再举一个传感器网络数据融合的例子。

　　首先是传感器网络的结构。传感器网络经过路由协议组网以后，形成一个以汇聚节点为树根的树状结构。树根连接若干个下级路由节点，每个路由节点再连接若干个下级子路由节点，这些路由节点共同形成树枝。每个路由节点连接若干个终端节点形成树叶。路由节点称为簇头，与其所连接的下级节点组成一个簇。

　　其次是数据传输方法。采集环境数据的终端节点，把采集数据上交给自己的簇头，由簇头汇总后交给更上一级的路由节点，这样一级一级向上传递，直到汇聚节点。

　　再次是冗余数据的数据融合。簇头接收多个下级节点上交的数据。由于节点分布密集，很多节点相距很近，采集的几乎是同一地区的数据。同一地区只需要一个数据，多出来的就是重复数据，是冗余信息，是融合对象。簇头要做的融合处理就是要将多个重复数据综合成一个数据，采用的方法可以是从处于一定地理范围内的多个数据中选择一个或取它们的平均值，取平均值的方法可以消除个别传感器节点失效所产生的异常数据的影响。融合后，簇头需要传输的数据量大大减少。

　　簇头节点的一种融合方法是：

　　(1)将下级节点发来的监测数据包整合成一条记录，记录字段根据需要设置，如：节点号、坐标、监测数据等。

（2）所有下级节点的记录整合为一个 table（数据库的一种元素）。

（3）运用 SQL 语言查询符合条件的信息，SQL 子句本身就带有选择或求取平均值的功能。SQL 的一个优点是可以用程序指定新的查询条件，便于传感器网络管理者下达不同的查询指令。

（4）组成数据包，向上级发送。

从上述例子可以看到，网络内部的数据融合主要是为了减少传输数据量，为此需要从事融合处理的传感器节点具有一定的处理功能，能够完成必要的融合处理。具体采用何种处理方法，与传感器网络应用方法、传感器节点能力、为传感器管理所提供的手段等问题高度相关。

4. 数据融合常用方法

数据融合算法实际上是一种能够得到更小数据量的数据处理方法，所有以往行之有效的数据处理方法，都可以根据需求作为融合算法选择、应用，取决于具体应用和对方法的熟悉程度。常用的数据处理方法有以下几种。

1）综合平均法

该方法是把来自多个传感器的众多数据进行综合平均。适用于同类传感器检测同一个检测目标，是简单、直观、常用的数据处理方法。

2）卡尔曼滤波法

在一个相对较短的时间范围内，环境变化不大，测量模型规律会保持一致。该方法的做法是：沿着时间轴，用一段时间内若干个时间间隔点检测值推算出模型的线性变化或二次曲线变化规律，并用该变化规律计算以后若干个时间间隔点的环境参数估值。该方法常用于预测不远的将来环境参数可能出现的数值。

3）贝叶斯估计法

对于一个传感器节点，以其以往的一组观察值估计出该节点观测值出现的概率分布。对于一组相近的传感器节点，以这些节点的概率分布，组成这些节点观测值的联合概率分布。根据联合概率分布，以似然函数最小为基准，预测这些节点覆盖范围内任意一点的环境参数。

4）D-S 证据推理法

D-S 证据理论起源于 20 世纪 60 年代的哈佛大学数学家 A. P. Dempster，是利用上、下限概率解决多值映射问题，并引入信任函数概念，形成了一套"证据"和"组合"来处理不确定性推理的数学方法。D-S 证据理论是对贝叶斯推理方法的推广。贝叶斯推理方法需要知道先验概率，而 D-S 证据理论不需要知道先验概率，能够很好地表示"不确定"，被广泛用来处理不确定数据。

5）统计决策理论

统计决策理论是由统计学家 A. 瓦尔德在 1950 年提出的一种数理统计学的理论。统计决策理论通过样本空间、行动空间、损失函数三个要素把一个统计决策问题表达出来。样本空间规定了问题的概率模型，样本空间是样本可能的取值范围，而样本分布族是样本所可能遵从的分布的集合。行动空间是统计工作者可以采取的单纯策略(或称行动)的集合。损失函数是使所采取行动的后果数量化。

当三个要素都已给定时，求一个统计决策问题的解，就是制定一个规则，以便对样本空间中每一点，在行动空间中都有一个元素与之对应。统计决策问题的解决，相当于一个数学上的最优化问题。

6) 模糊逻辑法

1965 年美国数学家 L. Zadeh 首先提出了 Fuzzy 集合的概念，标志着 Fuzzy 数学的诞生。L. Zadeh 为了建立模糊性对象的数学模型，把只取 0 和 1 二值的普通集合概念推广为在 [0，1]区间上取无穷多值的模糊集合概念，并用"隶属度"这一概念来精确地刻画元素与模糊集合之间的关系。正因为模糊集合是以连续的无穷多值为依据的，所以，模糊逻辑可看作运用无穷连续值的模糊集合去研究模糊性对象的科学。把模糊数学的一些基本概念和方法运用到逻辑领域中，产生了模糊逻辑变量、模糊逻辑函数等基本概念。对于模糊联结词与模糊真值表也做了相应的对比研究。为人类从精确性到模糊性、从确定性到不确定性的研究提供了正确的研究方法。

7) 产生式规则法

产生式规则法由美国数学家 E. POST 在 1934 年首先提出。该方法能够根据一系列"事实"和"规则"，对一种"命题"进行推理，得出其是否成立的结论。其中，"事实"是经过证实成立的命题。"规则"是形如 if P then Q 的推理过程式，表达的是"如果命题 P 是事实则命题 Q 也是事实"。

◎ 本章习题

一、填空题

1. 建立传感器网络需要根据实际应用需要选择其中的一些算法；一旦选择，就需要(　　　　)，并且(　　)到传感器节点之中。

2. 传感器网络的无线通信由(　　　)和(　　　　　)完成。

3. (　　　)的作用就是在传感器网络节点之间建立数据传输链路，进行数据、指令的传输。

4. 在发送端，物理层将数据转化为(　　　)，并通过传输介质发送(　　　)；在接收端，物理层从(　　　　)中将数据提取出来。

5. 数据链路层的基本功能是保障无线通信有序、正确地进行，为此，数据链路层将需要传输的数据组合成(　　　)进行传输。

6. 载波是一种频率很高的正弦波信号。由于频率很高，减弱了衰减效应，可以传输很远。任何载波都有(　　)、(　　　)、(　　)三个参数，可用来携带基带信号。

7. 调制就是使载波的这三个参数中的任何一个随着基带信号的变化规律而变化，从而将基带信号变化规律融入载波之中，形成一个携带了基带信息的(　　　　　　)。

8. (　　　　　)既携带了基带信息，又克服了衰减效应，可以将基带信息传输很远。

9. 解调就是接收设备从接收的高频调制信号中提取出(　　　　　)，还原出低频基带信号，从而实现了低频基带信号的远距离传输，也就实现了低频基带信号所携带信息的远距离传输。

10. 在两个节点之间建立连接关系就是在两个节点之间（　　　　　　　　　）。

11. 节点通过记录一个无线通信中源节点和目的节点的一对节点号，来记录这个（　　　　　　）。

12. 传感器网络拓扑关系就是由网络中所有节点间的（　　　　）所组成。

13. LEACH 算法建立的网络拓扑结构是以（　　　　）为树根的树形结构。

14. 传感器网络中各个节点都是一个独立的系统，都有自己的计时系统，称为（　　　　）。

15. （　　　　）就是将多个已经出现误差的计时系统的时间调整成一致的操作。

16. 时间同步有两种具体做法。一是绝对同步，即（　　　　　　　）；二是相对同步，即（　　　　　　　）。

17. 信标节点是网络中（　　　　）的节点，一个传感器网络中必须有足够数量的信标节点。

18. 接收信号强度指示（　　　）是每一台无线通信接收机都能够十分容易获得的一项（　　　　），它有很多用途。

19. 如果待定位节点的坐标为二维坐标，需要至少（　　）个锚节点坐标；如果待定位节点的坐标为三维坐标，需要至少（　　）个锚点坐标。一般而言，锚点数量越多，得到的精度越高。

20. 采集数据精度（　　　），传输数据量（　　　），传输距离（　　　），工作电压（　　　），数据处理方法（　　　），都会导致能耗大。

二、判断题

1. 无线通信由物理层和数据链路层完成，物理层实现数据传输过程中的必要管理，数据链路层实现数据传输。（　　）

2. 无线通信中物理层在无线信道中以适合媒介传输的信号形式将比特数据从源节点传输到目的节点。（　　）

3. 无线通信中数据链路层依据节点所采用的通信协议对传输数据进行组织、管理、检验。（　　）

4. 传感器网络组网就是在传感器节点之间建立相对固定的无线连接通道，每个节点记录自己所连接的上下游其他节点，并利用上下游节点传输数据。（　　）

5. 环境参数必须具有时间、地理坐标属性，也就是说，环境参数必须记录什么时间、在什么地点获取的。这样，获取环境参数的传感器节点必须把时间和地理坐标数据连同环境参数一起传输上交。（　　）

6. 传感器节点是一个小型的计算机系统，具有自己的计时系统，可以提供采集数据的时间。但计时系统都有系统误差，时间一长，给出的时间误差会大到无法使用。为了保证时间精度，传感器节点必须定期进行时间同步操作。（　　）

7. 每一种时间同步协议都提供了一种时间同步操作的具体算法。一个传感器网络中的所有节点都必须采用同一种时间同步协议，用相同的方法进行时间同步。

8. 时间同步的结果是网络中每个节点计时系统给出的时间都是一样的。　　（　　）

9. 对于时间同步的要求有绝对同步、相对同步和排出先后顺序等三个不同层次。

（　　）

10. 在外同步方式中，时间基准源来自外网，一般取自互联网上提供报时服务的时间服务器上的时间系统，或者来自北斗、GPS 等导航系统。可以认为，经过外同步，各节点系统时间是准确无误的。　　（　　）

11. 在内同步方式中，时间基准源来自网内某个节点。经过内同步，各节点系统时间只能说是相对于基准节点是准确无误的。　　（　　）

12. 在发送者-接收者以及接收者-接收者同步方式中，时间基准都来自发送者，因此发送者节点的系统时间一定是准确的，否则就没有资格充当发送者。　　（　　）

13. 相对时间同步中，节点并不修改自己的系统时间，只保留它与参考节点之间的时间差，在需要精确时间时，通过把本节点的系统时间减去保留的时间差，就实现了与参考节点的时间同步。　　（　　）

14. 节点与时间基准节点之间的时间差也会随着时间发生变化。RBS 时间同步算法通过测量一系列不同时间对应的时间差，找出时间差与时间之间的线性变化规律，并记录这种规律。当节点需要进行时间同步时，根据这种规律计算出当前的时间差，然后进行节点的时间同步。　　（　　）

15. TPSN 时间同步算法只适用于以汇聚节点为树根的层次树形结构传感器网络，算法以父节点为发送者，以子节点为接收者，用发送者-接收者同步方式从汇聚节点开始逐级推进，直到树形结构中所有的节点完成时间同步。　　（　　）

16. 如果传感器网络中的节点采用随机方式布设，那么在启动前，节点的位置是未知的，需要网络启动后，节点采用定位技术计算并存储节点所在地理坐标。（　　）

17. 传感器网络节点可以在布设时测量其地理坐标并保存下来。这种方法定位精度高，也避免了节点进行复杂的定位计算，但布设麻烦，效率低，只适合节点数量不多的且节点固定的传感器网络。　　（　　）

18. 传感器网络进行节点定位必须有锚节点。锚节点的地理坐标已知，其他节点的定位坐标都是以锚节点为基准计算而来的。　　（　　）

19. 传感器网络节点进行坐标定位至少需要三个锚节点。　　（　　）

20. 传感器节点无线通信设备有发送数据、接收数据、待机、休眠四种状态，其中发送数据、接收数据耗电量最大，待机耗电量次之，休眠最省电。为了减小能耗，应该尽可能地使节点处于休眠状态。　　（　　）

21. 处于休眠状态的节点也能接收其他节点传来的数据，休眠节点一旦收到数据发送请求，就紧急唤醒自己，进入工作状态，开始准备接收数据。从工作状态到休眠状态的互换很耗电。为了减少频繁状态互换带来的能量损耗，汇聚节点指挥所有节点，采用同步休眠、同步工作的方式，每个节点在事先约定的时间唤醒自己。

（　　）

22. 运动目标跟踪需要目标周边的若干个节点在一个时间序列中同时定位目标，并根据时序定位信息计算运动目标的速度和运动方向。这一切都由任务管理节点指

挥、运算完成。 （　　）

23. 数据融合的根本目的就是减少冗余数据，降低节点的数据传输量。凡是能够达到这一目标的各种数据处理方法都可以称为数据融合方法。 （　　）

三、名词解释

绝对同步　相对同步　发送者-接收者同步　接收者-接收者同步　锚节点　跳数　邻居节点　到达时间　RSSI

四、问答题

1. LEACH 协议有什么作用？具体内容是什么？
2. 传感器节点之间时间同步的必要性是什么？
3. 传感器节点时间同步方法有哪些类别？
4. 传感器节点定位是什么意思？
5. 传感器节点定位的必要性是什么？
6. 传感器节点定位的方法有哪些类别？
7. 在当前软硬件条件下，传感器网络耗能的主要因素是什么？
8. 无线通信的距离与无线通信能耗的关系是什么？在保证传输距离的前提下，如何减少能耗？
9. 传感器网络跟踪监测区中运动目标的主要方法是什么？
10. 简述传感器网络中采用数据融合的必要性。

第 4 章 ZigBee 网络

在众多的传感器网络中，ZigBee 网络是研究最深入、软硬件支持资源最丰富、应用最广泛的传感器网络。在传感器网络的各种应用中，ZigBee 网络是组建 WSN 传感器网络的首选。ZigBee 网络也可以作为物联网的传感器，是物联网的技术基础之一。

4.1 ZigBee 概述

4.1.1 什么是 ZigBee

"ZigBee"一词是指蜜蜂的"之"字形舞蹈传递信息，这个词被用来为一种传感器网络命名。随着这种网络具备的优势、广泛流行、被追捧，ZigBee 一词在计算机网络领域越来越有名。在计算机网络领域，ZigBee 特指 ZigBee 传感器网络，与 ZigBee 网络相关的概念还有 ZigBee 标准、ZigBee 模型、ZigBee 协议等意思。ZigBee 网络指一种传输距离近、功耗低、自组织、按照 IEEE 802.15.4 标准建立的无线网络。ZigBee 模型是指 ZigBee 网络的体系结构，包含了层次的划分、各层功能的精确定义。ZigBee 协议确定了各层之间的关系。ZigBee 标准是一套标准，它定义了一种短距离、低数据传输率的无线通信所需要的一系列通信协议。

ZigBee 标准是 ZigBee 联盟建立的，包含了体系结构、层次功能、层次间协议等方方面面。它是一种新兴的短距离、低功耗、低数据传输速率、低成本、低复杂度的无线传感器网络技术，是一种介于无线射频标签(RFID)技术和蓝牙(Blue Tooth)技术之间的技术方案。

4.1.2 IEEE 802.15.4 标准与 ZigBee 规范

IEEE 802.15.4 标准是 IEEE 委员会中的 IEEE 802.15 工作组为一种具有短距离、低功耗、低速的自组织无线网络所制定的物理层、数据链路层网络标准。这种标准原本是为家庭家电自组织成网络，便于使用和管理而制定的。在 ZigBee 联盟所制定的 ZigBee 网络体系结构中，直接采用 IEEE 802.15.4 标准作为 ZigBee 模型中的物理层、数据链路层的网络标准。ZigBee 联盟是一个由一些 ZigBee 网络制造企业组成的协会，是为了统一产品标准、制作便利以及扩大产品影响力而组建的。该联盟建立了 ZigBee 网络规范体系结构，为 ZigBee 网络的各个部分的组成制定了标准。ZigBee 联盟由英国 Invensys 公司、日本三菱电气公司、美国摩托罗拉公司、荷兰飞利浦半导体公司于 2002 年下半年共同宣布成立。目前，有四百多家芯片公司、设备开发制造商加入该联盟。

ZigBee 规范体系结构具体内容如下：

（1）规范将网络体系结构划分为五层，如图 4-1 所示；

（2）物理层、MAC 层直接采用 IEEE 802.15.4 标准作为规范，主管节点之间的无线通信；

（3）网络层和部分应用编程接口（API）用于完成网络数据通道的建立；

（4）应用支持子层包含了起支持作用的应用编程接口；

（5）应用框架及应用层结合部分应用编程接口为应用开发者提供程序二次开发接口，使应用者可以在 ZigBee 规范基础上进行项目开发。

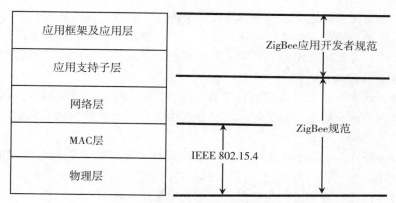

图 4-1 ZigBee 规范体系结构

这个体系结构规定，数据传输由物理层和 MAC 层共同完成；传输路径的建立由网络层和部分应用支持子层共同完成；给应用程序提供支持和接口的工作由应用框架和应用层以及部分应用支持子层共同完成。

下面介绍 ZigBee 模型所规定的各层具体功能。

1. ZigBee 物理层

物理层的工作笼统地说就是建立、管理、使用通信信道，完成比特字符串传输。具体而言，物理层的功能主要包括以下 6 个方面。

1）激活和关闭无线收发器

为了省电，通信设备一般处于休眠状态，只有需要进行数据传输工作，才唤醒通信设备。数据通信完成后，通信设备还要进入休眠状态。通信设备的激活与关闭，由物理层来完成。

2）信道频率选择

无线通信收发双方必须使用相同的通信频率，在通信前必须首先确定双方共同使用的频率。任何经过批准的无线通信系统都会分配到一个频带，系统在这个频带范围内确定、使用一个固定的通信频率。为了避免相互干扰，不同无线通信系统分配的频带不重叠，这样不同的系统都使用各自的通信频率进行无线通信。信道频率选择由通信双方的物理层，按照事先约定，在双方物理层都设置一个相同的频率参数。

传感器网络中有多对无线通信，一个传感器网络中所有节点都使用相同的通信频率。为了规范使用，传感器网络所分配的频带被事先划分成若干个信道，每个信道有固定的通信频率，每个信道有固定的编号。选择通信频率变成了选择信道编号参数。一个传感器网络的所有节点，都选择、设置相同的信道编号，这些节点就具备了相同的通信频率，可以彼此之间进行无线通信。两个地理距离很近的传感器网络，因为选择了各自不同的信道编号，它们之间的节点不能互相通信，两个网络避免了彼此相互干扰。

3) 信道载波侦听与冲突检测

无线通信可以进行一对多通信，一方发数据，多方接收数据，但接收方在同一时间只能接收一个发送方发来的数据。如果有多方同时向一个接收方发送数据，这时就叫通信冲突。发生通信冲突，接收方无法正常接收任何一方的数据。因此，接收方必须时刻检测是否存在通信冲突，并及时联络对方，叫停数据发送。冲突检测是由物理层完成的。

4) 数据发送与接收

在正常通信状态下，无线通信收、发器分别进行向无线信道发送数据包和从无线信道中接收数据包的工作。数据的发送与接收，分别由收、发双方的物理层完成。

5) 信道功率检测

接收方物理层在正常接收数据包时，还要检查和记录接收电信号电压或电流幅度值，进行接收信号功率的估算。根据数据包中记录的发送信号功率和自测的接收信号功率，就可以估算信号在传输过程中的衰减情况。根据衰减情况，可以进行包括估算传输距离在内的很多应用，因此接收信号的功率检测在无线通信中是一个重要参数，无线接收设备都会测量并记录这个参数。该参数的测量由物理层完成。

6) 检测接收包的链路质量指示

除了信号功率衰减之外，还有关于传输链路状态的其他参数，这些信息的获取同样由接收方物理层完成。物理层使用这些参数，可以计算出数据链路质量指示参数。

2. ZigBee MAC 子层

不同于一般的计算机网络，ZigBee 传感器网络的数据链路层只有 MAC 子层，没有 LLC 子层。MAC 子层的主要功能是产生、发出信标帧，在节点之间进行有效、可靠的数据传输。MAC 子层具有以下功能：

1) 协调器节点产生并发出信标帧

组网需要发出信标帧，而数据帧的生成就是 MAC 子层的基本工作，因此产生和发出信标帧就由 MAC 子层来完成。ZigBee 网络具有一个网络协调器节点，ZigBee 网络的组网工作由协调器节点发起，方式是向外发出信标帧。具体的动作就是协调器的 MAC 子层产生并对外发出含有开始组网指令的信标帧，并引导接收到该帧的周边节点逐级开展组网工作，直到网络组建完成。

2) 支持网络的构建与解体操作

被协调器选中的一般节点组成网络的主要路径，成为网络关键节点。和其他节点相比，关键节点工作量大，更耗能。为了避免这些节点电池早早耗尽而失效，ZigBee 网络通过周期性重建网络，选择另一批节点为关键节点，来平衡整个网络节点的耗能状况，延续整个网络的寿命。这就需要周期性网络解体与网络重建，它是由各个节点的 MAC 子层彼此相互协调工作而完成的。

　　3）使用 CSMA/CA 机制访问信道

　　使用 CSMA/CA 访问机制是保证 ZigBee 网络数据可靠传输的关键。和其他的无线网络一样，ZigBee 网络使用 CSMA/CA 机制来减少网络通信冲突。CSMA/CA 是冲突避免机制，它通过设置不同帧间间隔、争用窗口、虚拟载波监听窗口等一整套机制最大限度地错开不同节点的无线通信时间，避免一组通信未完成前发起另一组通信，降低冲突发生概率。这一整套机制需要相应的软件来实现，这些软件都包含在 MAC 子层中。

　　4）实现并保证时间槽（片）机制的准确性

　　ZigBee 网络运行过程中有很多方面依赖时间同步，不同节点间的数据收发需要同步，网络整体的休眠与唤醒需要同步，CSMA/CA 冲突避免机制中更是在多个环节需要同步。ZigBee 网络使用时间片机制来完成同步，实现并保证时间片机制的准确性就是由 MAC 子层来完成的。

　　5）提供两个设备的 MAC 子层之间的可靠传输

　　节点之间的无线传输受环境因素的影响很大，ZigBee 网络一般工作在恶劣的野外环境中，在空中传输的二进制数据难免被环境改变而发生通信错误。MAC 子层通过数据帧格式的设置以及建立在帧格式基础上的校验检错机制及时发现错误的数据包，并进行相应的处理，保证交付给节点的数据准确无误，从而实现数据的可靠传输。

　　6）支持器件安全机制

　　无线信号在空间传输时很容易被截获，为了保证信息安全，ZigBee 网络在多个层次采用数据加密方式来保证信息安全。收发数据的各个节点 MAC 子层也参与了数据加密工作，能够按照事先的约定对传输的数据帧进行加密、解密处理。

3. ZigBee 网络层

　　ZigBee 网络层（NL）由两部分组成：数据实体（NLDE）和管理实体（NLME）。NLDE 实现数据的传输功能，NLME 实现网络管理功能；NLME 还利用 NLDE 的数据传输功能来传输管理数据、指令，以完成网络维护，完成对网络信息库（NIB）的维护与管理。

　　NLME 具体实现以下网络管理功能：

　　(1)配置和初始化节点硬件设备的各个部分。

　　任何硬件系统都需要在使用前完成初始化。所谓硬件初始化，就是为硬件设置必要的工作环境（如电源、存储空间、状态参数），使硬件能够正常发挥作用。初始化了的硬件就处在待命工作状态。

　　(2)若设备是一个协调器，则启动一个新网络。

　　ZigBee 网络工作方式是自动启动后，都是以组网、工作、拆网为一个周期，周而复始地工作，直到电池耗尽、传感器节点失效。

　　在传感器节点已经布设好的情况下，所谓启动一个网络就是在这些传感器节点之间建立起传输数据的无线通道，将所有传感器节点连接成一个网络。建立数据传输路径，其实就是路由选择，是按照事先确定的路由协议进行，这就是网络层的基本工作，在 ZigBee 网络中由网络层的 NLME 来完成。ZigBee 网络传输路径的建立都是由 ZigBee 网络中的协调器发起，发起的时间在于传感器节点硬件加电启动之时，或者在 ZigBee 网络开始下一个工作周期之时。

（3）若设备是协调器或路由器，则应能支持链接和断开；若设备是路由器或终端设备，则应能实现与协调器或其他路由器的连接。

协调器是以向周边发送信标帧方式开始发起组网的，周边收到信标帧的传感器节点随即回应发送方，并成为发送方的下一级节点，且也向外发送信标帧发展自己的下一级节点。这样周而复始地进行直到所有节点都连入网络（也就是有了自己的上一级节点）。有自己下级的传感器节点称为路由器，没有自己下级的传感器节点称为终端设备。终端设备只负责采集环境参数并向自己的上级发送数据，路由器不仅要采集、发送环境数据，还要为自己的下级节点传输数据。

（4）协调器或路由器应能够为它的下级设备分配网络地址。

上级节点必须为下级节点分配地址。网络刚开始启动时，本网络中所有地址归协调器管理。协调器将全部地址分成若干个地址块，并给它的每一个下级节点分配一个地址块；下级节点将所得的地址块分成若干个子地址块，并为自己的每一个下级分配一个地址子块。所有的节点，都将分配给自己的地址块中的第一个地址（首地址）作为本节点的地址，余下的所有地址再分块分给自己的下级。如此重复，使得每一个入网的传感器节点都有自己的一个地址。

（5）发现、报告、记录相邻设备信息。

节点在发展自己的下级时向周边发出带有自己地址的信标帧，收到信标帧的周边节点如何回应取决于整个网络所使用的协议（执行协议的软件已经事先写入每一个节点）。如果只对首次收到的信标帧发出回应帧，则整个网络将形成以协调器为树根的树形网络，如果可以对多个信标帧发出回应帧，则会形成一个网络状的网络。回应帧中包括本节点的地址，回应帧发送给发出信标帧的节点。各个节点根据信标帧和回应帧地址可以知道谁是自己的上级，谁是自己的下级，有几个上下级，并与专门的表格记录这些信息，形成局部网络相邻连接关系记录。必要时还可以将这张表格发送出去，向接收节点报告这种关系。

（6）发现、记录有效的传送信息路由。

每个节点通过综合分析其他节点发来的邻接关系报告，就能确定向上通过哪些中间节点能够与协调器相连，向下能够通过哪些中间节点与哪些节点最终相连。将这些信息记录下来，形成本节点的传送信息路由（路由表），当有数据需要传输时，查询记录的路由表，就可以确定应该向哪些节点传送数据了。

（7）控制接收设备接收时间的长短，使 MAC 层实现同步或直接接收。

在网络连接关系建立完毕的情况下，协调器可以通过发出指令，确定节点发送和接收数据的开始时间、持续时间长度等，管理网络的数据传输工作。

NLDE 具体提供以下服务：

（1）支持应用层协议，按照应用层协议数据单元的格式进行数据格式转换，建立网络层数据传输单元 NPDU。

和互联网传输数据分组一样，ZigBee 网络也有自己的 NPDU(网络协议数据单元)数据包单元。ZigBee 网络的 NPDU 结构如何，有哪些字段、字段大小以及各字段如何发挥作用，是由协议细节规定的。节点必须首先完成传输数据规范化处理(即把需要传输的数据组织成 NPDU)，然后再以 NPDU 为单位进行数据传输。完成数据规范化处理的是网络层的 NLDE。

(2)指定拓扑传输路由。

根据 NPDU 的发源地和目的地，查看路由表，指定一条传输路径。这个工作也由 NLDE 来完成。

4. ZigBee 应用支持子层

应用支持子层(APS)是网络层和应用层之间的接口，它包括一系列服务供 ZDO 和用户自定义对象调用。这些服务由 APS 数据实体(APSDE)和 APS 管理实体(APSME)实现。

APSDE 使管理应用程序和用户应用程序能够在网络中传输应用层协议数据单元；APSME 为应用对象提供多种服务，包括安全服务，绑定设备，维护管理对象的数据库。

5. ZigBee 应用层

ZigBee 应用层框架包括应用支持子层(APS)、各类应用程序。ZigBee 应用层对于用户程序和系统管理程序一视同仁，均视为应用对象，按照应用对象方式进行管理、提供支撑服务。其中，用户程序称为用户所定义的应用对象。系统管理程序中最重要的是 ZigBee 设备对象(ZDO)，应用层几乎所有的管理功能都由 ZDO 完成。

ZDO 功能包括以下几个方面：

(1)设备发现和服务发现：能够发现本网络中的所有设备和服务；

(2)网络管理：发现一个网络，建立、连接、断开网络；

(3)绑定管理：处理终端设备的绑定与解绑行为；

(4)安全管理：处理安全服务，如钥匙装载、建立、传输、认证等；

(5)节点管理：本节点的操作功能。

关于 ZigBee 安全服务，有以下几点说明：

(1)ZigBee 安全体系结构使用 IEEE 802.15.4 的安全服务；

(2)利用安全服务对传输的数据进行加密处理，并提供对接入网络设备的身份认证、密钥管理等功能；

(3)ZigBee 安全体系结构包括 3 层：MAC 子层、网络层、APS 子层，它们负责各自层次的数据单元的安全传输；

(4)APS 子层提供建立和保持安全关系的服务，ZDO 管理安全性策略和设备的安全性结构；

(5)ZigBee 安全服务提供的安全性取决于对密钥的保管、使用的防护机制和加密机制的实现。

4.1.3　ZigBee 网络技术指标

ZigBee 技术具有低速率、低功耗、时延短和高安全性等特点。

1) 低速率

按照 ZigBee 协议规定，ZigBee 网络无线通信在全世界不同地理范围内有三种不同的载频。2.4GHz 为世界范围内，915MHz 为美国范围内，868MHz 为欧洲范围内，这三种载频都支持略有不同的低数据传输率，具体速率是：20～250kb/s（2.4GHz），40kb/s（915MHz），20kb/s（868MHz）。

2) 低功耗

ZigBee 网络的工作周期一般采用很短的工作时期和较长的休眠时期工作模式。由于实际工作时间极短，整个网络功耗较低，两节 5 号电池可以使用 6～24 个月，免去频繁更换电池的麻烦。

3) 时延短

通信时延和休眠激活时延短：设备搜索时延典型值为 30ms，休眠激活时延典型值为 15ms，活动设备信道接入时延典型值为 15ms。

4) 高安全性

提供三级安全模式；使用接入控制清单；使用高级加密标准（AES-128）。

ZigBee 技术在数据传输和连接方面，有如下特点。

1) ZigBee 数据传输

采用 CSMA/CA 碰撞避免机制；为需要固定带宽的通信业务预留专用通道；采用完全确认的数据传输机制，发送的每一个数据包都必须等待接收方确认。

2) ZigBee 连接

与现有的控制网络标准无缝集成，通过网络协调器自动建立网络；一个 ZigBee 网络由一个主设备和若干个从设备组成，从设备数量最多 65536 个；主设备为协调器，从设备可以是路由器和终端设备；提供了全握手协议，协议栈套件紧凑简单，一般控制器只需 4K ROM 即可。

4.2　ZigBee 技术基础

4.2.1　ZigBee 通信频段和信道

物理层的主要功能是在物理传输介质上实现数据链路实体之间的各种数据比特流透明传输。物理层定义无线信道和 MAC 子层之间的接口，还提供了物理层数据服务和物理层管理服务。

ZigBee 物理层完全采用 IEEE 802.15.4 标准对物理层的规定，所以 ZigBee 物理层的内容就是 IEEE 802.15.4 标准对物理层的规定内容。IEEE 802.15.4 标准定义了 2 个物理层标准：2.4GHz 物理层和 868MHz、915MHz 物理层。两个物理层标准采用的技术相同、数据格式相同，区别在于工作频率、扩频码片长度和传输速率不同。

IEEE 802.15.4 使用 3 个频段定义了 27 个物理信道。这 3 个频段属于工业、科学、医学应用免费 ISM 频段，使用前不需要申请。3 个频段分别是 868MHz、915MHz 和 2.4GHz，其中 868MHz 为欧洲使用的频段，915MHz 是美国使用的频段，2.4GHz 为全球使用的频段。这 3 个频段分别拥有 1 个、10 个、16 个信道，如图 4-2 所示，它们分别具备 20kbps、40kbps、250kbps 的最大数据传输速率，也就是信道的带宽分别是 20kHz、40kHz、250kHz。

我国范围内可以使用的频段为 2.4GHz。2.4GHz 频段附近定义了 16 个信道，信道之间的间隔为 5MHz。

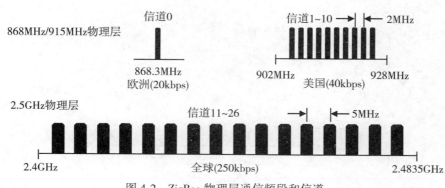

图 4-2 ZigBee 物理层通信频段和信道

在 ZigBee 信道上的通信方式是 IEEE 802.15.4 标准所规定的方式。在硬件层次上，组建 ZigBee 网络的单片机中的无线射频部分（完成通信功能）必须支持 IEEE 802.15.4 标准。随着规范的发布，各大厂商推出了支持该标准的产品。比较著名的有：TI 公司的 CC253X 系列芯片，Freescale 公司的 MC1319X 芯片，Ember 公司的 EM35X 芯片。软件层次上，与传统网络开发需要 TCP/IP 协议栈类似，ZigBee 应用开发需要 ZigBee 协议栈（软件包）。国际著名公司依据 802.15.4 标准和 ZigBee 规范，开发自家的协议栈。比较著名的有：TI 公司的 Z-Stack，Freescale 公司的 BeeStack；此外，还有一些开源的协议栈。

4.2.2 网络模型

ZigBee 数据采集应用网络主要包括 ZigBee 网络、网关和监控中心三部分，如图 4-3 所示。

其中，ZigBee 网络负责数据采集和采集数据的汇聚；网关连接 ZigBee 网络和监控中心，起到数据传输的桥梁作用；监控中心负责数据的处理、分析、展示。监控中心由计算机组成，通过计算机与互联网连接，ZigBee 网络采集的环境数据可以进行远程传输。

ZigBee 网络拓扑结构有星状、树状、网状三种，如图 4-4 所示。

星状网络由一个协调器节点和若干个终端设备组成，所有终端设备都只与协调器通信，终端设备之间不能彼此通信。

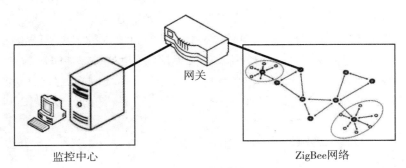

图 4-3　ZigBee 数据采集网络框架

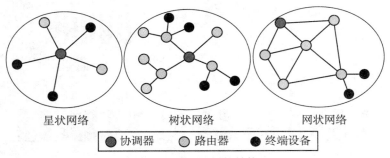

图 4-4　ZigBee 拓扑结构

　　树状网络由一个协调器和若干个星状网络结构组成。终端设备可以选择加入协调器或者路由器。设备只能与父、子节点直接通信，与其他设备的通信只能依靠树状节点组织由上级转发。

　　网状网络中的任意两个路由器节点能够通过建立的路径直接通信，即任意两个路由器节点可以通过其他路由节点建立路径。但终端节点只能依靠父节点转发消息。优点是减少消息传输延时，增强了可靠性；缺点是储存更多更大的路由表。

　　ZigBee 网络是传感器网络中的一个类型。ZigBee 网络中的协调器、路由器、终端设备分别对应传感器网络(如图 1-1 所示)中的汇聚节点、路由节点和终端节点，只是在不同的场合有不同的名称，这是在不同的发展阶段、发展途径中形成的，初学者应该有所了解。

　　星状网络，所有终端设备直接连接协调器，也就是每个终端设备都直接与协调器进行无线通信，结构最简单，管理最方便。考虑到 ZigBee 无线通信距离的限制(最大 80m)，星状网络覆盖范围有限，实际应用受到限制，多用于技术实验方面。

　　树状网络应用路由器节点形成的多跳数据传输，突破了星状网络覆盖范围的限制。但每个路由器只能连接一个父节点，数据传输路径单一，只能沿着树状拓扑路径传输，难以达到最优。

　　网状网络路由器可以连接多个父节点，拓扑结构真正形成网状，在数据传输过程中，有更多选择，可以追求最短路径、最快等各种最优标准。但很多传感器网络常用协议、算法无法使用。例如，LEACH 组网协议，自动建立的是树形网络；TPSN 算法只能在树形网络中进行时间同步。

其实，ZigBee 网络作为传感器网络的一种，总体上是一个小网络，传输的数据量极小，因而更关心的是数据能够传输而不是最优传输。树状网络能够满足大多数实际应用需求。

4.2.3 功能类型设备

ZigBee 网络可以支持两种设备：全功能设备(FFD)和精简功能设备(RFD)。全功能设备支持 802.15.4 标准所定义的所有功能，即设备在软硬件上实现了 802.15.4 标准定义的所有功能。精简功能设备只支持 802.15.4 标准定义的部分功能，即设备在软硬件上只是实现了 802.15.4 标准定义的部分必要的功能；使用精简功能设备的目的是降低设备成本。

ZigBee 网络包含了协调器、路由器和终端三种节点，节点又叫设备。ZigBee 规范将网络节点按照功能划分为：协调器(ZigBee Coordinator，ZC)、路由器(ZigBee Router，ZR)、终端设备(ZigBee EndDevice，ZE)，其中，协调器、路由器必须为全功能设备，终端设备可以是精简功能设备，也可以是全功能设备。终端节点在网络中只能构成树叶。

1. 协调器

一个 ZigBee 网络只能有一个协调器，且是总控制器；它负责网络的启动，并配置网络使用的信道和网络标识符；完成网络成员地址分配、节点绑定、建立安全层等任务；协调器完成网络建立之后，就完成了协调器的功能，退化为路由器。

2. 路由器

路由器具备允许终端设备加入网络、负责数据路由等功能；路由器最重要的功能是"允许多跳路由"，即两个设备可以通过路由器进行信号中转和中继，并进行通信；路由器节点存储路由表，负责寻找、建立、修复数据包路由路径；路由器还协助终端设备的工作，如缓存它们的数据等；路由器、协调器一般处于活跃状态。

3. 终端设备

网络的边缘设备，处在路径的终点，是神经末梢，是树结构中的树叶，因此它没有子节点，不必为任何节点充当传输数据的二传手。终端设备是 ZigBee 网络中数量最大的设备，功能单纯，目的就是获取环境数据，因而紧贴监控对象，能够通过传感器单元获得对象数据。一般由电池供电，大部分时间处于休眠状态，终端设备的许多工作常暂交由上级路由器节点完成。处于睡眠状态不能接收的数据暂由上级路由器节点代为保存。终端设备定期向上级路由器节点轮询数据；终端设备向其他节点发送数据时，将数据发给上级路由器节点，然后，由路由器节点以自己的名义发出去。

4.2.4 ZigBee 网络组建与入网

ZigBee 网络是自组织网络，无须人工干预，自动通过彼此寻找节点，组成结构化的网络。

ZigBee 网络自组建过程包括两个步骤：网络初始化和加入网络节点。初始化就是各个节点设备加电以后，逐步启动自己的各项功能，使自己处于完全工作状态。加入网络节点又有两种情况：①成为协调器建立网络；②加入已有网络。

1. 网络形成过程

（1）任何一个 FFD 设备上电初始化后，向周边发送信标请求帧，其目的是找到一个已经入网的 FFD 设备节点（协调器或路由器节点）作为自己的上级。如果没有得到任何回应，意味着还没有协调器工作，FFD 设备就可以确定自己是协调器。任何一个 FFD 设备都有可能成为协调器，一般取决于谁先完成初始化、先发出信标请求帧。

（2）协调器进行物理信道扫描，如载波为 2.4GHz 的物理层，依次检查 16 个信道的信号强度，根据信号能量选择一个较好的信道。

（3）协调器确定一个网络编号，作为新网络唯一的网络标识符（PAN ID）。这个网络编号可以是建设者预先在软件中安置在节点中的软件设置，也可以由协调器自主选择。网络内所有设备通过该网络标识符标记自己的所属网络。任何一个 ZigBee 网络都有一个网络 ID。

（4）协调器通过等待接收、回应其他路由器、终端等设备发出的信标请求帧，接纳其他节点加入网络。

2. 设备入网过程：同步+关联

（1）路由器和终端上电后，首先发送信标请求，要求加入 ZigBee 网络。

（2）协调器收到信标请求，则发出响应帧，实现与请求设备的同步；同步成功，则允许设备与协调器进行关联。

（3）设备发送要求加入网络的关联请求命令。

（4）协调器收到后，如果有足够的剩余资源，就会请求节点分配一个地址块（请求节点是路由器节点）或一个地址（请求节点是终端设备），并允许其加入网络。

（5）ZigBee 网络中的每一个设备，都有一张邻居表，表中记录了自己的上级、下级节点，将这些节点的信息保留在其中。无论是上级节点还是下级节点，和本节点的距离都是一个跳步，都是本节点的邻居。

（6）加入网络后的节点，就可以发送和接收数据了。

3. PAN ID 冲突的解决

待网络形成以后，可能会形成 PAN ID 冲突的情况，PAN ID 冲突是指网络中出现了两个以上的协调器。这可能是由于一个 FFD 与其他 FFD 距离较远，无法收到其他 FFD 发出的信标帧，因而将自己设置为协调器；也可能是由于移动物体的阻挡，导致发出的信标请求帧没有得到及时回应。复杂的网络环境很容易导致网络在初建过程中出现多个协调器。

一个 ZigBee 网络只能有一个协调器，不允许出现多个。当冲突发生时，协调器调用 PAN ID 冲突解决程序，改变其中一个协调器的 PAN ID 和信道，同时相应地修改其所属子设备的参数设置，使整个网络所有设备都具有统一的 PAN ID 和信道。

4. 设备重新入网过程

某些设备可能会因为自身或外界环境因素的影响,出现"掉网"现象,即中断了与上级节点的连接,成为孤立设备,需要再次入网。再次入网的设备称为孤立设备,意指与网络失去了同步关系的设备。如果一个设备此前曾加入一个网络,则设备会启动孤立扫描程序来发出信标请求帧加入网络。收到孤立设备的加入请求时,该设备会检查自己的邻居表。如果是其子设备,该设备则回应信标请求帧,将其重新设置为自己的子节点,纳入网络。

4.2.5 ZigBee 信标工作模式与非信标工作模式

ZigBee 网络具有信标(Beacon)与非信标(Non Beacon)两种工作模式,规定了两种不同的工作、休眠模式。注意,这里的信标是指工作模式,与组网时的信标帧有所不同。

信标工作模式下,协调器通过发送信标,要求网络中所有设备同步工作、同步休眠,以减少能量的消耗。信标工作模式定义了一种超帧结构。协调器在超帧开始以后,以一定的时间间隔向网络广播信标帧。信标帧包括一些时序和网络信息,主要用于设备间的同步。通过发送信标,要求网络中所有设备同步工作、同步休眠,以减少能量的消耗。

非信标工作模式下,只有终端设备可以进行周期性休眠,协调器和路由器必须长期处在工作状态中。非信标工作模式比较简单,更为耗电,不利于网络寿命的延长。

4.2.6 ZigBee 网络地址

ZigBee 网络地址有扩展地址、短地址、终端地址三种。

1. 扩展地址

扩展地址是每个传感器节点的 MAC 地址,是硬件地址,也称为物理地址,其长度是 64 比特,一般是设备商固化在设备中的产品序列号。

扩展地址和计算机网络中的 MAC 地址是一样的。在计算机网络课程中已经说明,数据传输实际上是在底层中依靠 MAC 地址进行的。传感器网络中,扩展地址的应用也与计算机网络相同,MAC 子层和物理层依据扩展地址在节点设备之间进行数据通信。

2. 短地址

短地址类似于计算机网络中的 IP 地址,是一个传感器网络中节点设备的逻辑地址。与公共 IP 地址应用于全互联网不同,一个短地址只应用于传感器网络内部,这一点和内部 IP 地址类似。短地址长度为 16 比特位,地址空间:0x0000~0xFFFF,因此地址数量决定了 ZigBee 网络节点数不超过 65536(2^{16})。一个短地址表示一个节点设备,一个节点设备也只能使用一个短地址,是节点设备在传感器网络内部的唯一 ID 编号,这一点不同于计算机网络中一台计算机可以使用若干个 IP 地址。短地址是传感器网络中的逻辑地址,传感器网络高层协议使用短地址寻找节点设备,进行节点间的数据传输。

1)广播地址

与计算机网络 IP 地址一样，短地址也有以下特殊的广播地址（广播地址：不是表示一个节点，而是表示一组节点的逻辑地址）：

（1）0xFFFF：对网络中所有设备进行广播；

（2）0xFFFE：对绑定表中所绑定的所有设备进行广播；

（3）0xFFFD：对所有活跃的设备进行广播；

（4）0xFFFC：只广播到协调器和路由器。

除此之外的 0x0000~0xFFFB 均为单目地址，一个单目地址才能代表一个节点。

2）短地址的分配过程

（1）在网络未启动时，所有的节点都没有 ID 编号。节点的 ID 编号是在网络自组织过程中动态分配的。

（2）协调器启动以后，设置自己的地址是 0x0000，其他节点加入网络后，由协调器给它们分配地址。

（3）如果下级节点是一个路由器节点，父节点就给它分配一个地址块，其中，地址块的首地址给该路由器节点，地址块中的其他剩余地址由该路由器分配给它自己的子节点。

（4）如果下级节点是一个终端设备节点，父节点就给它分配一个地址，父节点下的所有终端节点地址连续分配。

（5）给下级分配的地址块，其大小取决于本网络的三个参数，这些参数都预先设置在网络节点的程序中：①网络的最大深度；②子节点的最大数目；③子节点中，路由器节点的最大数目。

3. 终端地址

终端地址类似于计算机网络中的端口号。和计算机网络中进程需要占据一个端口号才能与网络进行数据交换一样，一个节点中的应用进程也需要获取一个终端地址才能与其他节点中的进程交换数据。终端地址为节点中的应用进程对象提供了通信接口。

节点上的不同设备（如传感器、开关、LED 灯、应用程序等）被称为应用框架中的用户定义应用对象。为了方便这些对象的通信，定义它们为终端，并配备节点中唯一终端地址。终端地址为 0~255。其中，0 分配给 ZigBee 设备对象（ZDO）使用；1~240 分配给用户开发的应用对象；241~254 是保留地址；255 是广播地址。

4.2.7　ZigBee 应用框架和作用

ZigBee 的最高层由应用框架（Application Framework）和 ZigBee 设备对象（ZigBee Device Object，ZDO）组成。应用框架是为驻扎在 ZigBee 设备中的应用对象提供活动的环境。

一个节点最多可以定义 240 个相对独立的应用对象，每个对象占据一个从 1 到 240 的终端地址。终端地址 0 固定用于 ZDO 数据接口；终端地址 255 固定用于所有应用对象广播数据；终端地址 241~254 保留，以留给未来扩展使用。

ZDO 位于应用框架和应用支持子层之间，在应用程序对象和应用支持子层之间提供一个接口，满足所有在 ZigBee 协议栈中应用操作的一般需要。

ZDO 还有以下作用：

（1）初始化应用支持子层（APS）、网络层（NWK）、安全服务规范（SSS）。

（2）从终端应用集合中配置信息来确定和执行一些网络基本功能。

ZDO 执行的网络基本功能：

（1）设备和服务发现。在 ZigBee 网络中，找出具有哪些设备和服务。

（2）安全管理。安全管理的具体工作是：建立钥匙，传输钥匙，请求钥匙，转换钥匙。安全管理由 ZDO 来执行，通过与信托中心（假定是 ZigBee 协调器）通信来完成。

（3）网络管理。这个功能将根据已确定的设备类型（协调器、路由器或者终端设备）配置参数对设备进行设置。如果设备类型是终端设备，将提供选择一个存在的 ZigBee 来加入。如果网络通信断开，执行允许设备重新加入程序。如果设备类型为 ZigBee 路由器，将选择一个未用的信道，建立一个新的路径。在没有一个设备是预先指定为协调器的情况下，第一个全功能设备（FFD）被确定为 ZigBee 协调器，并完成协调器应该完成的工作。

（4）绑定管理。绑定管理执行下列任务：

①建立一个绑定表，并根据设备绑定进程，填写绑定表；

②对于 ZigBee 协调器，支持终端设备绑定；

③支持外部应用的绑定和解绑定命令。

（5）节点管理。对于 ZigBee 协调器和路由器，节点管理功能执行以下步骤：

①允许遥控操作命令来执行网络发现；

②提供遥控操作命令来重新获得路由表；

③提供遥控操作命令来重新获得绑定表；

④提供一个遥控操作命令来使一个设备离开网络；

⑤提供一个遥控操作命令来允许或者禁止连接一个特殊的路由器，或者通常允许或者禁止通过信托中心连接。

4.3 ZigBee 协议栈 Z-Stack

4.3.1 协议和协议栈

协议是关于网络各个实体、对象、程序、通信标准的应用规定。ZigBee 的协议分为两部分，IEEE 802.15.4 定义了物理层和 MAC 介质访问层技术规范；ZigBee 联盟定义了网络层、应用程序支持子层、应用层技术规范。

ZigBee 联盟发布的 ZigBee 协议，最初的形式是一页页的文档，这个文档描述了 ZigBee 网络应该是怎样的，如 ZigBee 硬件是什么样的、应该运行在什么频段、如何组网、如何路由、如何加密等。芯片生产厂家拿着这个文档，按照文档上的规范说明，来生产硬件芯片。为了使这些芯片好卖，生产厂家给这个芯片配套了一系列的源代码，编译好后直接可以在芯片上运行，而这些源代码，实现了 ZigBee 协议文档里面的组网、路由、加密通信等功能。这些源代码放在一起，就是 ZigBee 协议栈了。

协议栈是一系列源码的集合，这些源码实现了协议文档上所描述的协议内容以及协议功能，简单地说，就是协议栈用各种函数实现了各种协议功能。用户在进行具体的应用开发时，通过 API 接口调用这些函数就能实现协议功能。用户无须知道 ZigBee 协议栈实现的具体细节，因此协议栈的出现极大地方便了用户使用网络。

4.3.2 Z-Stack 协议栈

各大厂商为自家产品开发的协议栈有很多种类，有收费的，有免费的，有开源的、半开源的，也有不开源的。美国得克萨斯仪器公司（TI）的 ZigBee 协议栈产品是 Z-Stack，用户使用 Z-Stack 可以很方便地组建一个 ZigBee 网络。Z-Stack 是挪威半导体公司 Chipcon（目前已经被 TI 公司收购）为 CC2430 芯片系列产品推出的一款业界领先的商业级协议栈软件。Z-Stack 协议栈使用瑞典公司 IAR 开发的 IAR Embedded Workbench 作为它的集成开发环境。Z-Stack 协议栈是免费的，半开源的，适用于 CC2430 系列芯片。

CC2430 系列芯片是一系列类似的单片机芯片，都类似于我们前面介绍的 STM32W108 单片机芯片，也具有自己的处理单元、存储单元、通信单元、数据采集单元接口和电源管理单元。CC2430 的通信单元采用符合 IEEE 802.15.4 规范的通信协议，用 CC2430 芯片建立的传感器网络节点能够按照 ZigBee 网络要求自动建立通信联络，形成 ZigBee 网络。鉴于 TI 公司的行业地位，目前，CC2430 芯片系列成为建立 ZigBee 网络的首选芯片。

瑞典公司 IAR 是全球领先的嵌入式系统开发工具和服务供应商。公司成立于 1983 年，提供的产品和服务涉及嵌入式系统的设计、开发和测试的每一个阶段，包括：带有 C/C++编译器和调试器的集成开发环境（IDE）、实时操作系统和中间件、开发套件、硬件仿真器以及状态机建模工具。IAR 公司总部在北欧的瑞典，并在美国、日本、英国、德国、比利时、巴西和中国设有分公司。它最著名的产品是 C 编译器 IAR Embedded Workbench，支持世界上众多知名半导体公司的微处理器。许多全球著名的公司都在使用 IAR 提供的开发工具来开发他们的前沿产品，从消费电子、工业控制、汽车应用、医疗、航空航天到手机应用系统等多个领域，传感器网络只是众多硬件芯片应用领域中的一个。

Z-Stack 协议栈背后有强大的技术支撑，为用户提供了信心支持和技术支持。

4.3.3 Z-Stack 协议栈组成

Z-Stack 协议栈分为两个部分：一是包括操作系统 OSAL 在内的一整套节点所需要的系统程序和应用程序框架；二是实现了各种 ZigBee 协议具体功能的函数。系统程序 OSAL 是一个简化的操作系统，负责整个节点中各种软硬件资源的管理与调度。应用程序框架是为用户搭建的应用平台，用户只需要根据应用需求，在应用程序框架对应位置填写自己的应用开发所需的指令和函数，就形成了自己的应用程序。Z-Stack 对函数功能分门别类，采用分层结构将同类别的函数放在同一层，目的是使协议栈各层能够独立，便于用户选用需要的函数。

1. 操作系统抽象层

操作系统抽象层 OSAL 通过时间片轮转函数实现任务调度，并提供多任务处理机制。OSAL 的主要工作流程是：系统启动，驱动初始化，OSAL 初始化和启动，进入任务轮询。轮询（Polling）是一种 CPU 决策如何提供周边设备服务的方式，又称"程控输入输出"

（Programmed I/O）。轮询法的概念是：由 CPU 定时发出询问，依序询问每一个周边设备是否需要其服务，有即给予服务，服务结束后再问下一个周边设备，接着不断周而复始。Z-Stack 的任何一个子系统都作为 OSAL 的一个任务，任何一个传感器数据的输入、任何一个设备的请求、网络管理者下达的指令等也都是 OSAL 的任务。在轮询架构下，每一种设备、每一个任务，都有机会得到 CPU 的服务。所谓得到 CPU 的服务是指，在一个时间段内得到 CPU 的控制权并使用 CPU 运行自己的程序。

　　Z-Stack 协议栈为用户搭建好了利用协议栈的程序框架，包括各种常用传感器的事件处理函数，用户可以调用 OSAL 提供的相关 API 进行多任务编程，用户的开发简化为在应用层的 C 语言程序开发，不需要深入地了解复杂的 ZigBee 协议栈，将自己的应用程序作为一个独立的任务来实现。"钩子"已设置好，将自己的程序挂在对应的"钩子"上即可。

2. Z-Stack 项目文件组织

　　在 IAR 中打开一个 Z-Stack 工程文件，可以看到 14 个目录（如图 4-5 所示）：App（应用层），HAL（硬件层），MAC（介质访问控制层），MT（监制调试层），NWK（网络层），OSAL（操作系统抽象层），Profile（应用框架层），Security（安全层），Services（设备地址处理函数），Tools（工作配置），ZDO（ZigBee 设备对象），ZMac（MAC 导出层），ZMain（主函数），Output（输出文件）。

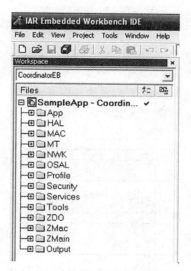

图 4-5　Z-Stack 目录结构

　　工程文件中的 ZMain.c 文件包含整个项目的入口函数 main( )，OnBoard.c 文件包含硬件开发平台上各类外设进行控制的接口函数。程序启动时，调用 Z-Stack 的 main( ) 函数，它首先完成系统软硬件的初始化，然后通过 osal_start_system( ) 函数执行操作系统实体，进行协议栈调度。操作系统为存放的所有任务事件分配了 tasksEvents 动态数组，每个数组元素对应一个任务事件，通过任务序号 idx，调用函数进行具体的任务处理。用户需要编写自己的任务处理函数。

4.4 ZigBee 组网方法简介

ZigBee 网络节点一般采用人工布设。首先要设计和覆盖监测区的节点分布图，分布设计图需要满足以下要求：必须确保节点分布密度符合环境监测应用需求；必须确保每一个终端节点通信距离范围内存在一个路由器节点；必须确保路由器节点之间的距离在通信范围内，以便建立网络数据传输有效路径；必须有一个协调器，以协调器为中心，附近的路由器和终端节点可以与之相连；路由器只能与协调器或其他(一个)路由器相连。如果没有路由器节点，所有终端节点必须和协调器相连，形成一个星型结构；如果存在路由器节点，网络是一个树形结构，树根就是协调器。

协调器启动以后，自动选择一个信道，选择一个网络号，建立网络。协调器主要在网络建立、网络配置方面起作用，一旦网络建立，协调器与路由器的功能就一样了。协调器或路由器节点采用基于事件驱动的轮询式操作，当有周边节点要求加入时，就将其作为子节点分配地址。基于事件驱动是指：循环检查哪些事件是否发生，对发生的事件，调用对应的函数进行处理。

以上工作，自组织建网时，自动完成；用户要做的就是编一些必要的程序。要针对协调器、路由器、终端等不同节点编制各自需要的程序。

◎ 本章习题

一、填空题

1. ZigBee 网络是研究最深入、软硬件支持资源最丰富、应用最广泛的(　　　　)。
2. ZigBee 网络指一种传输距离近、低功耗、自组织、按照(　　　　)建立的无线网络。
3. ZigBee 网络体系结构划分为五层，分别是物理层、MAC 层、网络层、(　　　　)和应用层。
4. 中国范围内可以使用的 ZigBee 网络频段为(　　)，该频段附近定义了(　　)个信道，信道之间的间隔为(　　)。
5. ZigBee 网络拓扑结构有：(　　)、(　　)、(　　)三种。
6. ZigBee 网络包含了(　　)、(　　)和(　　)三种节点。
7. (　　)功能设备支持 802.15.4 标准所定义的所有功能，(　　)功能设备只支持 802.15.4 标准定义的部分功能。
8. ZigBee 网络总是在网络启动后才开始建立网络。(　　)是总控制器，负责网络的启动、网络的建立。
9. (　　)的基本功能是为两个设备之间的数据传输进行中转和中继。它的内部存储了路由表，是根据路由表记录的路径，寻找、建立数据传输路径，并传送数据。
10. 协调器完成网络建立之后，就完成了协调器的功能，退化为(　　)。

11. ( )功能是获取环境数据，因而紧贴监控对象，通过传感器单元获得对象数据。

12. ZigBee 网络( )工作模式是：协调器定期广播信标帧，用于设备间的同步，使网络中所有设备同步工作、同步休眠，以减少能量的消耗。

13. ZigBee 网络( )工作模式下，终端设备进行周期性休眠，协调器和路由器必须长期处在工作状态中。

14. ZigBee 网络地址有( )、( )、( )三种。

15. ZigBee 网络扩展地址是每个传感器节点的( )地址。

16. ZigBee 网络短地址类似于计算机网络中的 IP 地址，但计算机网络中一台计算机可以有( )个 IP 地址，ZigBee 网络一个节点设备只能有( )个短地址。

17. 短地址是 ZigBee 网络节点的编号，是节点在网络中的唯一标识。它是在( )过程中由上级节点赋予的。

18. 终端地址是一个节点设备内应用进程的编号，类似于计算机网络中的( )。

19. 协议栈是一系列( )的集合，它们实现了协议文档上所描述的协议内容以及协议功能。准确地说，协议栈是用各种( )实现了各种协议功能。

20. Z-Stack 是为( )系列产品推出的一款商业级协议栈软件，该系列芯片广泛应用于 ZigBee 网络中。

二、判断题

1. ZigBee 网络是一种无线局域网。 ( )
2. ZigBee 网络的体系结构和计算机网络的体系结构是一样的。 ( )
3. ZigBee 网络的体系结构包括：物理层，数据链路层，网络层，传输层，应用层。 ( )
4. ZigBee 网络是一种高速的无线网络。 ( )
5. 不同的无线通信有可能在同一空间进行，为了避免相互干扰，必须为每一路无线通信规定各不重叠的通信信道。一般的无线通信，使用前必须经有关部门申请、核准、分发信道，并使用规定的信道。 ( )
6. ISM 频段是工业、科学、医学应用免费的 ISM 频段，使用前不需要申请，但使用时发射机的信号发射功率不得高于 1W。 ( )
7. IEEE 802.15.4 使用 3 个频段，3 个频段分别是 868MHz、915MHz 和 2.4GHz。 ( )
8. 信道是一段频率区间，类似于坐标轴上的数据区间。信道是为无线通信设置的，在信道中传输的是无线调制信号，信道的中心频率为无线信号载波频率，调制信号频谱的最高、最低分量均在信道范围内。 ( )
9. 中国范围内可以使用的频段为 2.4GHz，以 2.4GHz 为中心，平均分布了 16 个信道，间隔为 5MHz。每个信道都可以成为一个 ZigBee 网络的数据传输的无线通信通道。 ( )
10. 两个不同的 ZigBee 网络，如果空间距离太近，为了避免相互干扰，必须使用不同的信道。 ( )

11. ZigBee 网络中的协调器就是汇聚节点，一个 ZigBee 网络中只能有一个协调器。 （　　）

12. ZigBee 网络有星型、树形、网络形三种结构。 （　　）

13. 任何一个 ZigBee 网络都有一个网络 ID，作为网络的唯一标识。 （　　）

14. ZigBee 信标工作模式就是协调器通过发出信标帧来寻找下级节点建立网络的模式；ZigBee 非信标工作模式是人工布网时事先规定好上下级节点而建立网络的模式。 （　　）

15. ZigBee 网络地址有扩展地址、短地址、终端地址三种。 （　　）

16. ZigBee 网络扩展地址是硬件地址，短地址是逻辑地址，终端地址是应用软件地址。 （　　）

17. ZDO 是一个应用软件，它管理 ZigBee 节点的一切资源调度与应用管理，是一个名副其实的系统管理软件。 （　　）

18. ZigBee 协议栈是厂家提供的、实现 ZigBee 协议规定的各种功能的源代码。 （　　）

19. 有了 ZigBee 协议栈，用户在进行具体的应用开发时，通过规定的 API 接口调用函数代码就能实现协议功能。 （　　）

20. Z-Stack 是为 CC2430 芯片系列产品推出的一款商业级 ZigBee 协议栈软件。 （　　）

三、名词解释

频段　ISM 频段　信道　全功能设备　精简功能设备　扩展地址　短地址　终端地址 ZDO　ZigBee 协议栈

四、问答题

1. 什么是 ZigBee 网络？

2. ZigBee 网络的通信频段是如何规定的？

3. ZigBee 网络模型有哪些？

4. ZigBee 网络的地址有哪几类？各类地址的作用是什么？

5. 简述 ZigBee 网络的地址分配过程。

6. ZigBee 网络中的 ZDO 是什么？它起什么作用？如何起作用？

7. ZigBee 协议栈是什么？它如何发挥作用？

第 5 章　ZigBee 网络开发实践

本章介绍如何基于 Z-Stack 栈建立一个 ZigBee 网络，并用该网络进行环境数据监测与数据处理。

5.1　实验硬件介绍

实验器材使用的是武汉创维特公司的 ZigBee 网络原理教学实验套件。整个套件包含 1 个网关节点，5 个传感器节点，5 个传感器部件，以及节点的直流电源，还有一些程序烧写设备以及一套软件。

网关节点就是 ZigBee 网络协调器，如图 5-1 所示。协调器负责组建一个 ZigBee 网络，在网络正常工作时负责与任务管理节点进行数据交换，收集网络监测数据交给管理节点，接收管理节点指令下发给各个传感器节点。理论上，任何一个全功能设备都能成为协调器，但在实际应用中，ZigBee 都将那个与计算机(可以是管理节点，也可以是与管理节点有逻辑连接关系的计算机)进行有线电缆连接的节点作为协调器。ZigBee 网络节点之间只能进行无线通信，计算机只能通过有线连接一个节点的方式与 ZigBee 网络建立连接关系，这个与计算机有线连接的节点自然就成为网关，也就是协调器。

图 5-1(b)红色按钮为节点配置按钮。在协调器程序烧写以及参数设置之前，必须按下节点配置按钮。在完成程序烧写以及参数设置之后，必须松开配置按钮。

(a)

(b)

图 5-1　不同角度下的协调器

传感器节点如图 5-2 所示,一共有 5 个。该套件中的这些节点都是全功能设备,与协调器型号完全一样。与协调器不同的是,协调器与电脑有线连接,可以由电脑提供电能,因而不需要蓄电池;传感器节点因为工作在野外环境,需要电池提供电源,因此传感器节点上加装了蓄电池。在室内工作时,我们可以对蓄电池进行充电,在野外工作时,由蓄电池为节点提供电源。因而,传感器节点与协调器相比增加了一个盒子,其厚度比协调器大一倍。除此之外,传感器节点与协调器硬件功能完全一样。它们彼此之间能够进行无线通信。

图 5-2 中红色按钮为节点配置按钮,每个传感器节点都有。在传感器节点程序烧写和参数设置之前,必须按下节点配置按钮。在完成程序烧写和参数设置之后,必须松开配置按钮。

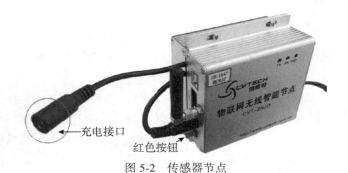

图 5-2 传感器节点

这些节点都有各自的直流电源(如图 5-3 所示),可以为节点提供电源。ZigBee 网络在野外工作时,传感器节点只能依赖蓄电池,因此在节点布设前,要用直流电源为节点充足电力。

图 5-3 节点直流电源

与 5 个传感器节点对应的是 5 个传感器部件:2 个温湿度传感器,2 个光照传感器,1 个调光灯(如图 5-4 所示)。温湿度传感器监测环境温湿度,光照传感器可以获取环境光亮度参数。以温湿度传感器和光照传感器为代表的各类传感器的作用是获取环境参数并通过网络传输给管理节点。调光灯则代表了另一类接受指令并做某种动作的设备。两者最大的不同是数据流向相反，传感器是将数据传输给管理节点，管理节点则是向调光灯发出指令。这样，传感器网络不仅能向用户提供环境监测服务，还能使用户对监测区域做点什么，极大地拓展了传感器网络应用范围。例如，在智慧农场中，农田干旱的信息一旦被传感器传输到管理节点，管理节点就能通过另外一些传感器节点打开喷灌设备，并且能够通过实时监控，确定浇水量，及时关闭喷灌设备。传感器节点不仅能连接传感器，还能连接控制设备。

（a）温湿度传感器 （b）光照传感器 （c）调光灯

图 5-4 传感器部件

传感器与图 5-2 所示的节点连接，构成完整的传感器节点。传感器负责采集数据，节点负责传输数据。在本实验套件中，连接这 5 个传感器的节点，它们的硬件组成完全一样，可以混用。但经过程序烧写以后，每个节点与传感器的连接组合就确定了，不能改变了。产品厂商为这些节点标记了编号，确定了连接传感器的如下种类：

（1）网关协调器，节点编号 0；

（2）连接温湿度传感器 01 号的路由节点，节点编号 1；

（3）连接温湿度传感器 02 号的终端节点，节点编号 2；

（4）连接光照传感器 01 号的路由节点，节点编号 3；

（5）连接光照传感器 02 号的终端节点，节点编号 4；

（6）连接调控灯的终端节点，节点编号 5。

这些规定已经标记在传感器节点左上角，如图 5-1、图 5-2 所示。

套件中还有烧写器、连接不同端口的电缆等一些辅助设备，如图 5-5 所示。

  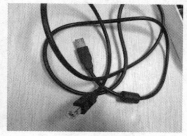

（a）CC_Debugger 烧写器 （b）10 排电缆线 （c）U 口连接线

图 5-5 其他设备

套件中还有一个光盘，包含了实验需要的软件。

5.2　实验软件介绍

ZigBee 实习套件生产厂商随硬件产品提供了一张光盘，光盘中包含了整个实验所需软件：

(1)IAR 8.1.0 软件；

(2)ZigBee 协议栈；

(3)仿真器驱动；

(4)SmartRF Flash Programmer；

(5)协议监视分析软件；

(6)USB 串口驱动；

(7)串口调试助手。

光盘提供了相应的软件安装步骤、使用说明书。在实习时，将随硬件一起提供给大家。实验中需要依次安装的软件如下：

(1)安装 IAR 环境；

(2)安装 ZigBee 协议栈 Z-Stack；

(3)安装串口程序驱动；

(4)安装烧写程序驱动；

(5)安装烧写程序。

光盘目录"PC 端物联网程序"上有三个可执行文件：网络测试程序 v1.0.exe，物联网参数设置 v2.32.exe，物联网网络终端(单一传感器)v3.2.exe。它们是可执行程序，不需要安装，可以直接拷贝到计算机中，供实验过程使用。"物联网参数设置 v2.32.exe"程序用于对烧制后的节点进行参数设置。"物联网网络终端(单一传感器)v3.2.exe"是一个安装程序，其运行结果是安装了一个软件"物联网综合实验平台"，用该平台可以管理节点计算机，显示 ZigBee 网络当前各节点的连接状况。"网络测试程序 v1.0.exe"是工作在管理节点计算机上的接收数据显示软件，它用一张表格动态显示了管理节点从 ZigBee 网络当前接收数据的情况。

目录中还有一个 VS2010 平台上的 C++程序项目目录"SmartTest"，"网络测试程序v1.0.exe"就是该项目编译的可执行文件。该项目是管理节点端计算机上运行的程序，用来接收和处理来自传感器网络采集数据。实验内容包括修改 SmartTest，以体会传感器网络工作的全过程。

光盘目录中还有一个 ZigBee 目录，其中包含了开发工具、烧写程序和一些必要的驱动程序。

5.2.1　IAR 安装及使用

IAR 是芯片开发平台，很多芯片内嵌程序都是在 IAR 平台上用 C 语言完成的。IAR 软件安装源文件位于光盘的"\Zigbee 部分\开发工具及相关驱动\IAR-8.1.0"文件夹里，文件夹中有"IAR 安装教程 . pdf"，可供安装时参考。

按照安装教程的说明安装完毕后，打开 IAR，可以看到 IAR 编辑器，如图 5-6 所示，该软件版本为 8.1.0。

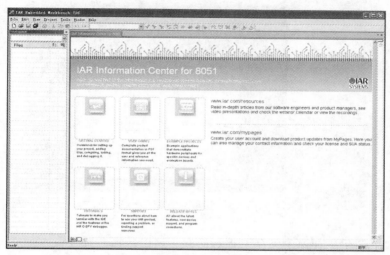

图 5-6　IAR 平台界面

IAR8.1.0 使用过程分为新建工程、工程配置、添加文件、编译程序四个步骤。如果程序有错误，还需要进行程序调制，直到程序编译正常通过，才能进行后续的程序烧写。

1）新建一个工程

（1）双击打开 IAR 软件后，选择"Project"下拉菜单中的"Create New Project"选项，如图 5-7 所示。

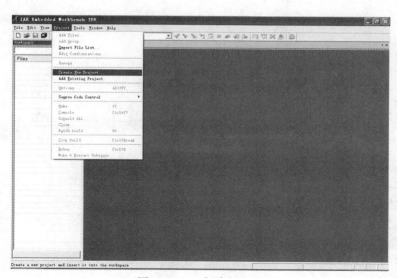

图 5-7　IAR 创建新工程

（2）在提示中选择"Emply project"默认配置，如图 5-8 所示。

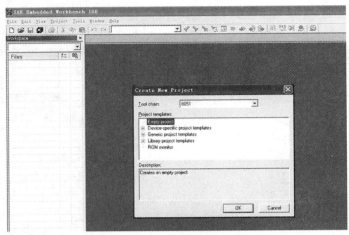

图 5-8 创建一个空工程

（3）点击"OK"后，会弹出保存工程对话框，可以选择工程要保存的文件夹路径，如图 5-9 所示。

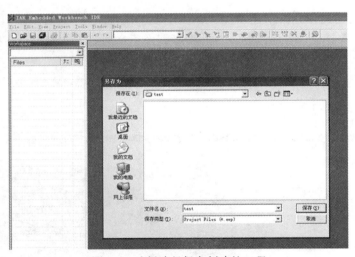

图 5-9 选择路径保存创建的工程

（4）输入工程名，保存类型为 .eww，点击"保存"，如图 5-10 所示。这样，我们就新建了一个工程文件。

2）工程配置

新建工程需要进行配置，这需要一系列操作。

（1）选择"Project"下拉菜单中的"Options"选项，如图 5-11 所示。

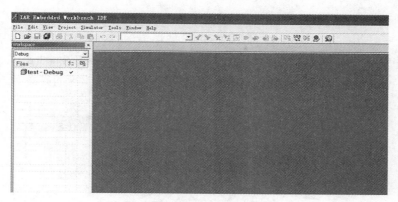

图 5-10 创建工程后的显示界面

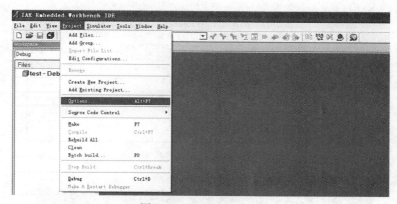

图 5-11 工程配置步骤

将进入如图 5-12 所示界面。

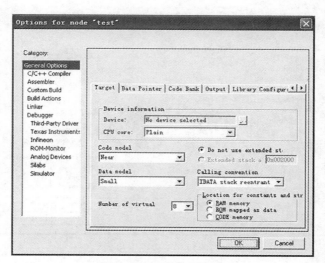

图 5-12 工程配置步骤

（2）在图 5-12 所示程序界面中，在 Device information 栏中的 Device 输入项，指到文件 CC2530F256. i51，这是选择器件 CC2530，是单片机型号，如图 5-13 所示。文件 CC2530F256. i51 在 IAR 软件安装目录下的子目录"\ IAR Systems \ Embedded Workbench6. 0 \ 8051 \ config \ devices \ Texas Instruments \ CC2530F256. i51"之后出现的界面如图 5-14 所示。

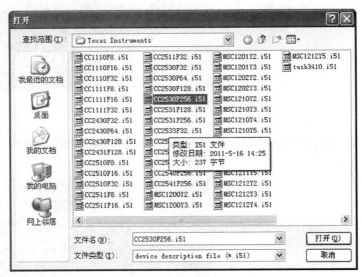

图 5-13　工程配置步骤

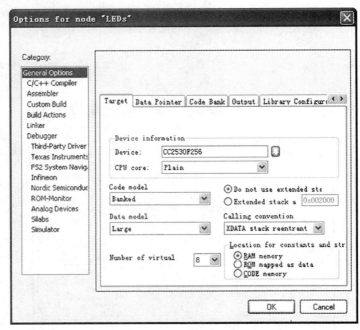

图 5-14　工程配置步骤

（3）选择"General Options"选项里的"Linker"，出现如图 5-15 所示链接设置对话框。

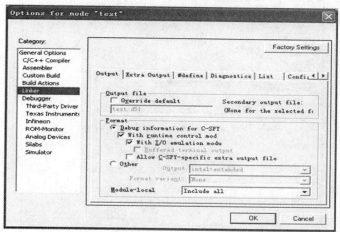

图 5-15　工程配置步骤

（4）勾选"Output file"中的"Override default"，把"test. d51"改成"test. hex"，选中"Format"中的"Other"，点击"OK"，如图 5-16 所示。工程编译链接成功后，工程文件夹下就会自动生成可供仿真器烧写的. hex 文件。

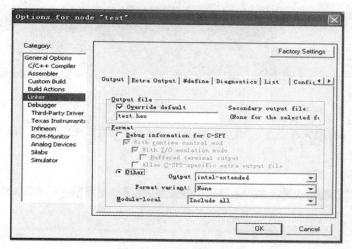

图 5-16　工程配置步骤

（5）如需下载调试运行，选择"Options for node'test'"选项里的"Debugger"，在"Device Description file"中选择"Texas Instruments"，如图 5-17 所示。

3）添加文件

采用以下步骤，为新建工程添加程序。

（1）选择"File"下拉菜单中的"New"选项，点击其子菜单项"File"，如图 5-18 所示。

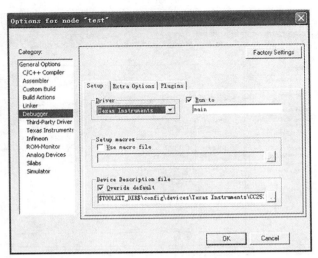

图 5-17　工程配置步骤

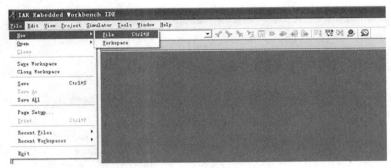

图 5-18　向工程中添加程序

系统要求输入添加文件名字，这里我们输入"test"作为添加文件名，确定后结果如图 5-19 所示。

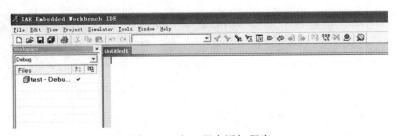

图 5-19　向工程中添加程序

(2)新建文件后，点击工具栏中的"Save"按键，把文件另存为 test.c 文件，保存在工程文件夹下，如图 5-20 所示。

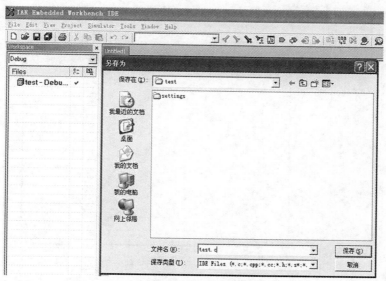

图 5-20　向工程中添加程序

程序文件还需要添加到工程中。右键点击"test-Debug"，选择"Add"中的"Add Files"，如图 5-21 所示。

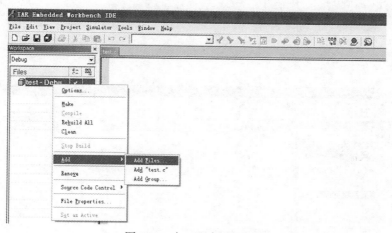

图 5-21　向工程中添加程序

（3）在出现的添加文件对话框中，选择"test.c"，点击"打开"，如图 5-22 所示。

（4）这样，新建的 test.c 文件就添加到 test 工程中了，如图 5-23 所示。编写好 test.c 的程序，编译链接后，就可以使用仿真器烧写 .hex 文件到 CC2530 中调试程序。

4）编译链接

（1）程序编写好后，右键点击"test-Debug"，选择"Rebuild All"进行编译，如图 5-24 所示。

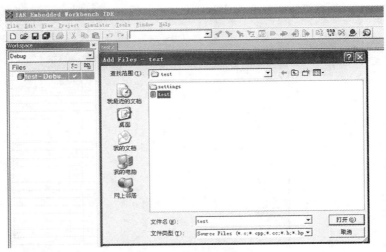

图 5-22　向工程中添加程序

图 5-23　向工程中添加程序

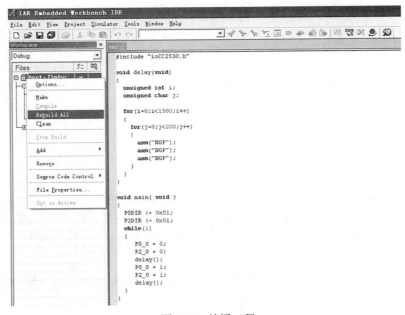

图 5-24　编译工程

　　(2)编译成功后，IAR 软件会在下方显示编译信息，如图 5-25 所示。如果编译失败，会有编译错误的信息提示和说明。

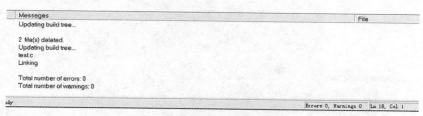

图 5-25　编译工程成功提示

　　(3)编译成功后，右键点击"test-Debug"，选择"Make"，生成可供仿真器烧写的 .hex 文件，如图 5-26 所示。

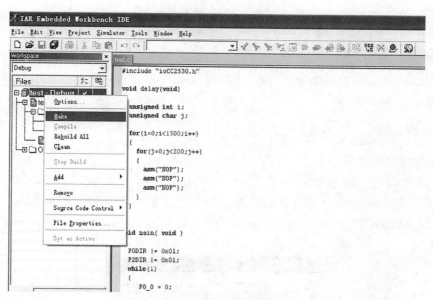

图 5-26　生成烧写程序

　　(4)在烧写前，要确保程序没有错误。可选择"Project"下面的"Debug"直接下载调试运行，如图 5-27 所示。具体的程序调试方法与我们在 Visual Studio 平台上对 C++程序的调试类似，这里不再重复说明。

　　如果要修改一个已有的工程，只需要在 IAR 中直接打开 .ewp 工程文件名，对工程中有关程序进行必要的修改、编译以及烧写操作。ZigBee 协议栈中提供的工程例子，都已经完成了相应的工程配置操作，使用这些例子，工程配置步骤可以省略。本实验采用修改 ZigBee 协议栈提供的工程例子的方法，最大限度地利用了 ZigBee 协议栈，具体的修改方法将在后面的实验过程中介绍。

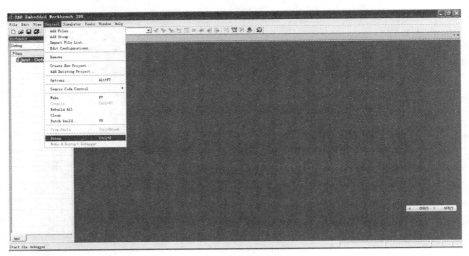

图 5-27　程序调试入口

5.2.2　ZigBee 协议栈安装及使用

我们的 ZigBee 组网及数据传输实验，均基于 ZStack-CC2530-2.3.1 的 ZigBee 协议栈，因此需要安装 ZigBee 协议栈。

1. 协议栈安装

协议栈安装需要如下步骤：

（1）点击协议栈安装程序。

进入光盘文件夹"开发工具及相关驱动 \ 协议栈"，解压 ZStack-CC2530-2.3.1. rar，然后点击 ZStack-CC2530-2.3.1. exe，开始安装协议栈，如图 5-28 所示。

图 5-28　ZigBee 协议栈安装

（2）基于默认选择，点击"Next"，如图 5-29 所示。

（3）选择"I accept the terms of the license agreement"，然后点击"Next"，如图 5-30 所示。

（4）默认选择，点击"Next"，如图 5-31 所示。

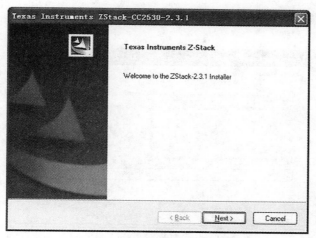

图 5-29 ZigBee 协议栈安装

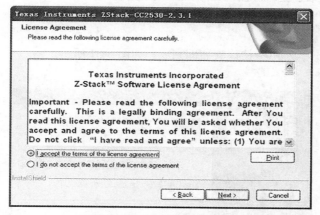

图 5-30 ZigBee 协议栈安装

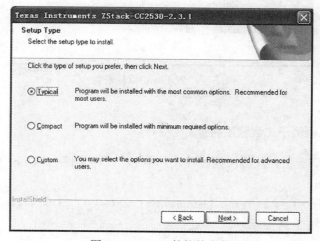

图 5-31 ZigBee 协议栈安装

(5)安装进行中，如图 5-32 所示。

图 5-32　ZigBee 协议栈安装

(6)点击"Finish"，ZigBee 协议安装即完成，如图 5-33 所示。

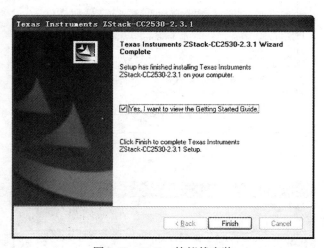

图 5-33　ZigBee 协议栈安装

2. ZigBee 协议栈例子工程程序拷贝

(1)进入光盘"实验例程及协议栈程序＼协议栈"，将文件夹"Texas Instruments"及内容拷贝到 C：根目录下。

(2)双击打开"C：＼ Texas Instruments ＼ ZStack-CC2530 ＼ Projects ＼ SappWsn ＼ SappWsn. eww"，如图 5-34 所示。

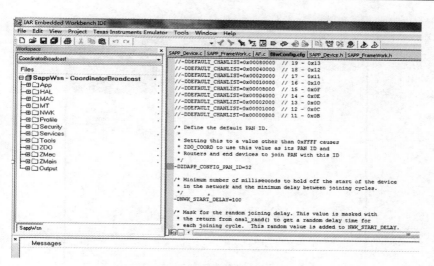

图 5-34　ZigBee 协议栈提供的例子工程

本实验就是在此例子工程的基础上完成进行 ZigBee 协议的联网和数据通信实验等内容。

5.2.3　仿真器驱动安装

为了能进行 CC2530 基础实验和高级实验以及 ZigBee 联网和数据通信实验，我们需要安装仿真器驱动，以便对程序进行调试或进行 Flash 程序的在线烧写。这个工作内容包括驱动程序安装和驱动程序验证两个部分。

1. 仿真器驱动程序安装

(1)打开光盘目录"\ 开发工具及相关驱动\ 仿真器和 usb 串口驱动"，解压"仿真器驱动.rar"，然后双击打开"Setup_SmartRF_Studio_6.13.1.exe"，开始安装驱动。
(2)点击"Next"，如图 5-35 所示。

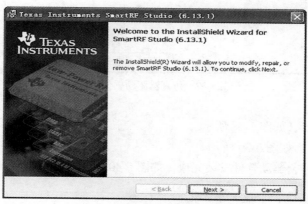

图 5-35　仿真器驱动软件安装

(3)选择安装目录(一般默认安装在 C 盘)，点击"Next"，如图 5-36 所示。

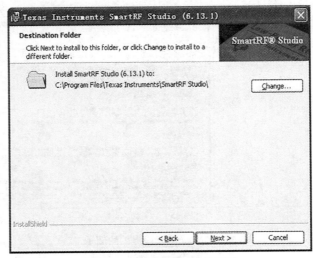

图 5-36　仿真器驱动软件安装

（4）勾选"Complete"，点击"Next"，如图 5-37 所示。

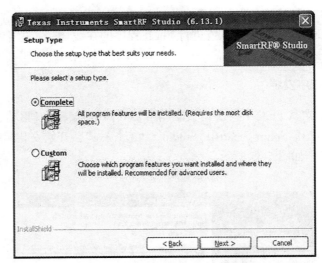

图 5-37　仿真器驱动软件安装

（5）点击"Install"，如图 5-38 所示。

（6）点击"确定"，如图 5-39 所示。

（7）点击"Finish"，驱动软件安装完成，如图 5-40 所示。

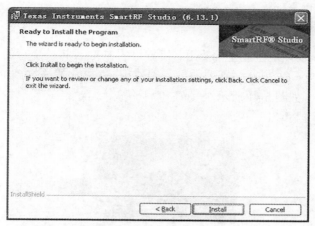

图 5-38　仿真器驱动软件安装

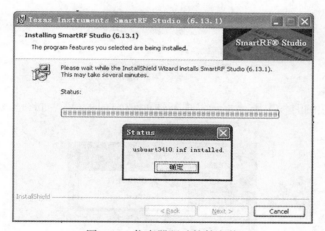

图 5-39　仿真器驱动软件安装

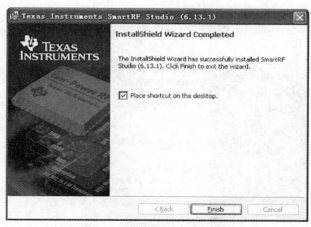

图 5-40　仿真器驱动软件安装

2. 仿真器驱动程序验证

接下来验证一下驱动能不能正常使用。用方口的 USB 线将被烧写的节点设备和 CC2000 仿真器 USB 接口连接，CC2000 仿真器的另一端使用 miniBus 线连接到 PC 机 USB 接口，由 PC 机向仿真器供力，如图 5-41 所示。

图 5-41　仿真器硬件连接

（1）第一次连接的时候电脑会提示发现新硬件 CC Debugger，如图 5-42 所示。

图 5-42　仿真器驱动验证

（2）接着会弹出窗口，如图 5-43 所示。

图 5-43　仿真器驱动验证

（3）选择"自动安装软件"，点击"下一步"，会自动找到驱动安装，如图 5-44 所示。

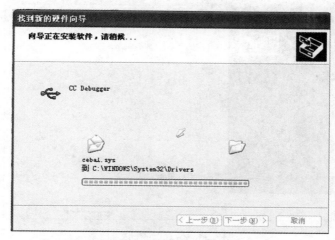

图 5-44　仿真器驱动验证

（4）安装会自动完成，完成后的界面如图 5-45 所示。

图 5-45　仿真器驱动验证

（5）然后可以打开电脑的设备管理器进行确认，有没有新的硬件驱动。正常情况如图 5-46 所示。

5.2.4　SmartRF Flash Programmer 准备及使用

1. SmartRF Flash Programmer 准备

（1）打开光盘目录"\ 开发工具及相关驱动 \ 烧写程序"，解压"SmartRF Flash

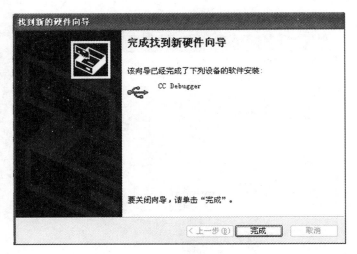

图 5-46　仿真器驱动验证

Programmer. rar"，然后将文件夹"SmartRF Flash Programmer"及其内容拷贝到本地硬盘中。

（2）将刚才拷贝到硬盘中的文件夹"SmartRF Flash Programmer"中的"SmartRFProg. exe"发送到桌面快捷方式。

SmartRF Flash Programmer 即准备好了。

2. SmartRF Flash Programmer 使用

（1）双击桌面"SmartRFProg. exe"快捷图标，打开软件，软件操作界面如图 5-47 所示。

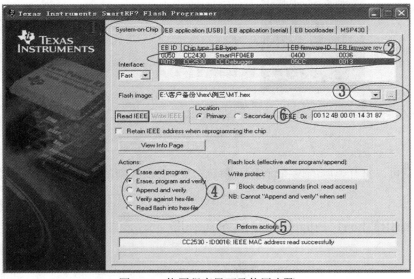

图 5-47　烧写程序界面及使用步骤

（2）烧写程序过程。

用 A-B 口的 USB 连接线，一端连接 PC 机，另一端接到 CC2000 仿真器上；用 10 芯的排线，一端接到仿真器上，一端接到通用调试模块 CC2530 调试口上。CC2530 通用调试模块上电，如果此时 CC2000 仿真器的绿色连接灯未亮，则按一次 CC2000 仿真器侧面的复位按键，直到绿色连接灯亮。接着按如下步骤进行（如图 5-47 所示）：

①选择 SmartRFProg 软件界面上的"System-on-Chip"；

②在出来的目标中选择要烧写的目标，可以看到 Chip type 选项下的目标；

③在 Flash image 处选择要烧写的 .hex 文件；

④在 Actions 处选择要验证还是擦除等，烧写时一般选择"Erase program and verify"；

⑤点击"Perform actions"，将开始第④步选择的项目；

⑥修改 IEEE 地址，在图 5-47 中标记数字 6 处输入 IEEE 地址，然后点击"write IEEE"，也可以读取 IEEE 地址。IEEE 地址是硬件物理地址，也可以是产品序列号（是全球唯一的）。物理地址的关键是网络中不同硬件的物理地址不能重复出现，因此也可以人工输入，但要保证该物理地址不与网络中其他节点的物理地址发生冲突。

5.2.5 USB 串口驱动安装

有些 PC 机无串口或 PC 机硬件串口数量不够时，可以使用调试模块上的 USB 串口来模拟串口，以解决硬件串口数量不足的问题。仅安装一个 USB 串口驱动程序就可以了。

（1）进入光盘"\ 开发工具及相关驱动 \ 仿真器和 USB 串口驱动 \ usb 串口驱动"，双击"Silicon_CP210x_VCP_6610_64bit.exe"，出现程序界面如图 5-48 所示。

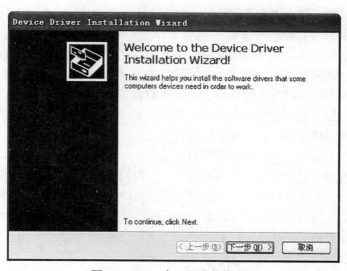

图 5-48　USB 串口驱动安装步骤

（2）点击"下一步"，弹出对话框表示安装成功。点击"确定"，如图 5-49 所示。

图 5-49 USB 串口驱动安装步骤

5.3 实习一: 使用栈文件烧写节点组建网络

5.3.1 概述

一个 ZigBee 网络的建立要经过软件编程、软件烧写到节点、硬件设置与连接等多个环节, 如果一个或几个环节发生错误, 就会导致网络无法正确采集环境数据。寻找、检查、排除错误是建立网络过程中的基本工作。

排除故障的方法一般有两大步骤:

1) 应用正确的软件排除硬件故障

所谓正确的软件是协议栈提供的通用测试软件, 它是没有故障的应用软件。使用测试软件与节点硬件组成传感器网络以后, 如果网络不能正常工作, 可以认为是硬件部分存在故障, 因而可以将精力用于排查硬件连接、硬件参数设置、硬件器件等方面可能存在的故障, 缩小了查询范围, 便于定位故障所在。当所有的故障都排除以后, 网络能够正常工作时, 我们就得到了一个在硬件方面没有问题的网络。

2) 应用正确的硬件网络排除应用软件故障

在确定网络在硬件连接方面不存在问题以后, 我们用为本网络编制的应用软件烧写进节点, 替换测试软件。如果此时网络不能正常工作, 可以认为是软件方面存在问题, 可以把排查精力和范围集中在应用软件方面。在软硬件错误都排除后, 在监测区测试、布置网络, 实现网络的环境数据采集。

本次实习包括三个内容:

(1) 使用 Z-Stack 协议栈提供的节点程序烧制节点, 建立一个确保硬件连接、参数设置都准确无误的、可以正常工作的传感器网络。

(2) 针对网络需求编制节点程序, 并用编制的节点程序替换实习一网络中各节点中的 Z-Stack 协议栈程序, 方法是将编制节点程序烧制进节点, 覆盖节点中的原有程序。这样, 就建立了一个符合我们应用需求的传感器网络。

(3)在校园实验区布置传感器网络,对实验区的环境参数(温度、湿度、光照度)进行实地测量、记录,并进行后续的数据处理。

内容一的目的是用系统提供的正确无误的软件来验证组网的正确与否。网络能正常工作,意味着网络硬件连接以及设置均无问题。

内容二的目的是用经过验证的硬件网络来检验为该传感器网络编制的应用软件。达到内容二的目标,就得到一个符合本次实验应用需求的传感器网络。

内容三的目的是用几个有限的参数测量来体验传感器网络用于环境监测的整个过程。

5.3.2 节点制作

传感器节点制作要做两件事:①将必要的软件烧写进节点之中;②为节点设置必要的参数。

在程序烧写和参数设置之前,必须按下节点配置按钮。在完成程序烧写和参数设置之后,必须松开配置按钮。

1. 程序烧写

打开 Z-Stack 协议光盘,在文件夹"ZigBee"下有一个"烧写程序"子文件夹,打开它可以看到有如图 5-50 所示文件。

名称	修改日期	类型	大小
CoorCH11PANID1.hex	2016/10/28 11:19	HEX 文件	382 KB
RouterCH11PANID1SEN1.hex	2016/9/29 14:45	HEX 文件	397 KB
SEN1CH11PANID1.hex	2016/9/29 14:40	HEX 文件	308 KB
ZIGBEE匹配编号对照表.xls	2015/6/15 10:32	Microsoft Excel ...	21 KB
物联网参数配置v2.32.exe	2015/10/22 16:48	应用程序	63 KB

图 5-50 "烧写程序"文件夹中文件列表

前三个文件是协议栈提供的节点测试烧写程序,分别对应协调器节点、路由节点和终端节点。我们在5.1节介绍实验器材时,已经介绍了我们的 6 个节点中有 1 个协调器节点、2个路由节点和3个终端节点,分别编号为0~5。

下面以协调器节点为例,详细说明节点程序烧写和节点参数设置方法。

使用 miniUSB 线连接网关和电脑 USB 口给网关供电;将 CC Debugger 一端连接网关DEBUG 接口,另一端使用 miniUSB 线连接电脑。当 CC Debugger 上亮黄灯时,表示连接成功,如图 5-51 所示。

双击桌面烧写程序"SmartRF Flash Programmer"快捷图标,打开软件,可以看到单片机类型为 CC2530,如图 5-52 所示。

在 Flash image 处选择烧写程序,在光盘目录下"ZigBee \ 烧写程序"中,选择协调器节点烧写程序,如图 5-53 所示。对于路由器节点和终端节点,分别选择 Router CH11PANID1SEN1. hex 和 SEN1CH11PANID1. hex。

图 5-51　节点程序烧写连接方法

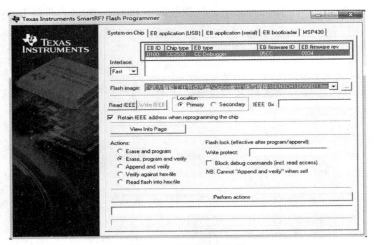

图 5-52　打开烧写软件

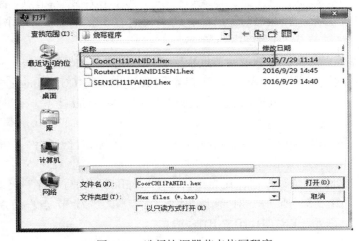

图 5-53　选择协调器节点烧写程序

点击"Perform actions"按键开始烧写。烧写完成后，在 Location 框中切换选择 Secondary，然后点击 Read IEEE 按钮，读取 IEEE 信息，如图 5-54 所示。

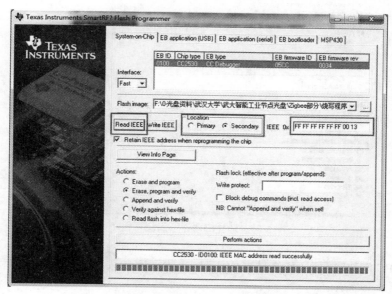

图 5-54　选择协调器节点烧写程序

IEEE 编号实际上是节点的物理地址。在互联网中，采用网卡产品序列号作为物理地址，是为了确保该物理地址在整个互联网中不会出现相同的重复地址。在传感器网络中，由于节点无法直接与外界通信，只要保证在本网络中物理地址不重复即可。因此，我们的 6 个节点的 IEEE 编号要保证互不相同，若出现相同的编号，需要手动输入新编号，然后点击"Write IEEE"进行修改。

2. 参数设置方法

每个 ZigBee 网络都有自己的网络 ID 号和网络内部通道号，只有网络 ID 号和网络通道号完全相同的节点才能相互进行无线通信。用网络 ID 号和通道号可以将处于同一覆盖区的不同 ZigBee 网络区分开来，避免不同网络节点之间数据互串。节点参数包括网络 ID 号、网络通道号以及串行口端口号；对于路由节点和终端节点，参数还包括连接的传感器部件型号。

烧写完成以后，需要对节点进行参数配置。首先将节点设备的配置按钮按下，使设备处于参数配置状态，然后再插上电源线给节点供电，最后使用方口线将节点与电脑相连。注意，这一必要操作很容易被漏掉或错序，导致节点制作的失败。配置按钮在图 5-1、图 5-2 中可以看到。

依次点击"我的电脑"→"属性"→"设备管理器"，查看节点所连接的串口号，如图 5-55 所示。

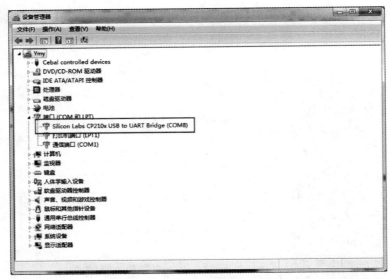

图 5-55　选择协调器节点烧写程序

在光盘"PC 端物联网程序"文件夹中，双击"物联网参数设置 v2.32.exe"程序，设置节点参数，如图 5-56 所示。

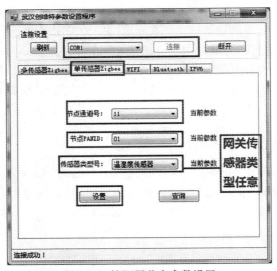

图 5-56　协调器节点参数设置

串口号设置为计算机为节点所连接的串口号；选择"单传感器 ZigBee"标签，一个传感器网络所有节点的通道号与 ID 号必须一致，不同传感器网络的通道号与 ID 号必须彼此各不相同；传感器类型号的选择，对于网关节点可以是任意值，置之不理即可，对于路由器节点和终端节点，必须选择与所要连接传感器匹配的参数。在本实习中，光照传感器节点选择"485 光照传感器"，温湿度传感器节点选择"485 温湿度传感器"，调光灯节点选择"工业型调光灯"，它们都在下拉菜单中可以找到。通过"刷新"按键连接计算机与节点，连接成功后窗口左下角有"连接成功"提示，最后点击"设置"按键，完成节点参数设置。松开配置按钮，节点进入工作状态。

5.3.3 连接网络

制作好的节点需要使用软件逐一检查。

1. 连接网关

使用 miniUSB 连接网关与电脑。在"设备管理器"中查看网关所连接的串口号，应该与设置时的串口号一致。在光盘"PC 端物联网程序"文件夹中，双击"网络测试程序 v1.0.exe"程序，程序界面如图 5-57 所示。

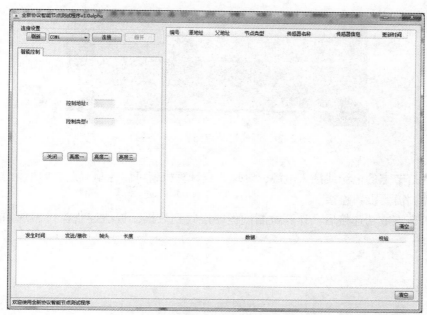

图 5-57 网络测试程序界面

选择网关连接的串口号，点击"连接"键，如果成功，界面左下角会显示连接成功提示，如图 5-58 所示。这说明协调器节点硬件连接验证成功。

图 5-58 连接网关操作及结果

2. 调光灯控制节点

我们有一个调光灯控制节点，这是用来模拟由管理节点向网络执行节点发送控制指令，以控制网络中的可执行节点做出必要动作。例如，控制智慧农业园洒水、施肥，控制智慧养殖园定时投食、开窗通风等。使用调光灯的目的是用来说明，传感器网络是采集数据和控制数据双向流动的。

调光灯节点必须与协调器节点进行无线连接，因此测试调光灯节点时，协调器节点必须保持工作状态，上位机同时运行网络测试程序，观察网络测试程序中实时接收的数据，判断网络连接正确与否。调光灯节点本身只需要连接好调光灯，就可以通过协调器节点与管理节点计算机连接上，然后就可以接收管理节点下达的指令。

调光灯节点与调光灯的连接方法如图 5-59 所示。

图 5-59　调光灯节点与调光灯连接图

将调光灯节点的电源线插入电源，管理节点计算机就可以控制节点。如果无法控制，可能存在故障，需要重新连接。

调光灯节点成功连接后，计算机测试程序接收到数据，智能控制窗口出现如图 5-60 所示信息。

图 5-60　连接网关操作及结果

点击程序中不同按键，可以通过计算机控制调光灯。其中，点击"关闭"，将关闭传感器网络中的调光灯，分别点击"亮度一""亮度二""亮度三"，可以控制调光灯的亮度。

下方打印栏的数据显示了传感器网络实时传输的以十六进制数据表示的数据帧，如图 5-61 所示。到此，调光灯控制节点硬件连接验证成功。

发生时间	发送/接收	帧头	长度	数据	校验
11:30:07	接收	0x02	0x0A	0xB8 0x47 0xF1 0xB7 0x01 0x00 0x00 0xB8 0x00	0xB8
11:30:04	接收	0x02	0x0A	0xB8 0x47 0xF1 0xB7 0x01 0x00 0x00 0xB8 0x00	0xB8
11:30:01	接收	0x02	0x0A	0xB8 0x47 0xF1 0xB7 0x01 0x00 0x00 0xB8 0x00	0xB8
11:29:58	接收	0x02	0x0A	0xB8 0x47 0xF1 0xB7 0x01 0x00 0x00 0xB8 0x00	0xB8
11:29:55	接收	0x02	0x0A	0xB8 0x47 0xF1 0xB7 0x01 0x00 0x00 0xB8 0x00	0xB8

图 5-61　实时接收的原始数据帧

协议栈中"ZigBee\实验例程"及"协议栈\ZStack-CC2530-GYMP"文件夹中的文档"ZigBee 物联网实验系统应用层交互协议 v2.5-20150708.doc"提供了各种类型数据帧格式的规定说明。该文档为进一步研究协议栈内部机理，为用户编制自己的数据接收客户端程序建立了基础。

3. 温湿度传感器节点

本实验器材中有两个温湿度传感器节点，其中一个是路由节点，另一个是终端节点，它们的连接验证也需要通过协调器节点来完成，两个节点的验证方法是一样的。具体做法是，协调器节点连接好上位机，保持正常的工作状态，上位机运行网络测试程序；传感器节点连接温湿度传感器，加电，进入工作状态；工作起来的传感器节点通过无线连接自动建立与协调器节点的数据传输通道；温湿度传感器节点采集环境数据，自动传输给协调器节点，上位机上运行的网络测试软件窗口实时显示传输来的温度、湿度数据。

温湿度节点与温湿度传感器的连接方法如图 5-62 所示。

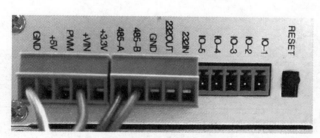

图 5-62　温湿度节点与温湿度传感器连接图

温湿度节点成功连接后，即可在上位机上查看接收到的数据，数据每隔 3s 更新一次，下方和右侧打印栏都会显示信息，如图 5-63 所示。到此，温湿度传感器节点硬件连接验证成功。

编号	源地址	父地址	节点类型	传感器名称	传感器信息	更新时间
1	76C3	0000	终端节点	温湿度传感器	23.8℃ 63.8%	10:40:00

发生时间	发送/接收	帧头	长度	数据	校验
10:40:00	接收	0x02	0x0D	0xB8 0x47 0xF1 0x76 0xC3 0x01 0x00 0x00 0xB1 0x00 0xEE 0x02 0x7E	0x94
10:39:57	接收	0x02	0x0D	0xB8 0x47 0xF1 0x76 0xC3 0x01 0x00 0x00 0xB1 0x00 0xEE 0x02 0x7E	0x94
10:39:54	接收	0x02	0x0D	0xB8 0x47 0xF1 0x76 0xC3 0x01 0x00 0x00 0xB1 0x00 0xEE 0x02 0x7D	0x97
10:39:51	接收	0x02	0x0D	0xB8 0x47 0xF1 0x76 0xC3 0x01 0x00 0x00 0xB1 0x00 0xEE 0x02 0x7D	0x97
10:31:09	接收	0x02	0x0D	0xB8 0x47 0xF1 0x76 0xC3 0x01 0x00 0x00 0xB1 0x00 0xEF 0x02 0x75	0x9E

图 5-63　温湿度节点实时传输数据

4. 光照传感器节点

本实验器材中有两个光照传感器节点，其中一个是路由节点，另一个是终端节点，它们的连接验证也需要通过协调器节点来完成，两个节点的验证方法是一样的。具体做法是，协调器节点连接好上位机，保持正常的工作状态，上位机运行网络测速程序；传感器节点连接光照传感器，加电，进入工作状态；工作起来的传感器节点通过无线连接自动建立与协调器节点的数据传输通道；光照传感器节点采集环境数据，自动传输给协调器节点，上位机上运行的网络测试软件窗口实时显示传输来的光照数据。

光照节点与光照传感器的连接方法如图 5-64 所示。

图 5-64　光照节点与光照传感器连接图

图 5-65 所示为光照节点连接成功后的数据显示情况，至此，光照传感器节点硬件连接验证成功。

编号	源地址	父地址	节点类型	传感器名称	传感器信息	更新时间
1	D8CD	0000	终端节点	光照传感器	456Lux	11:09:22

发生时间	发送/接收	帧头	长度	数据	校验
11:09:22	接收	0x02	0x0D	0xB8 0x47 0xF1 0xD8 0xCD 0x01 0x00 0x00 0x80 0x01 0xC8 0x00 0x00	0x6E
11:09:19	接收	0x02	0x0D	0xB8 0x47 0xF1 0xD8 0xCD 0x01 0x00 0x00 0x80 0x00 0x00 0x00 0x00	0xA7
11:09:16	接收	0x02	0x0D	0xB8 0x47 0xF1 0xD8 0xCD 0x01 0x00 0x00 0x80 0x00 0x00 0x00 0x00	0xA7

图 5-65　光照节点实时传输数据

5.4　实习二：自编程序组网

5.4.1　概述

实用的传感器网络有自己独特的功能，实现这些功能不能依靠实习一中的通用测试软件，应该针对每个节点的功能要求编程实现，并将程序烧写入节点。

网络类型和节点类型是两个必须事先确定的参数，这两个参数需要写入节点程序并随着程序烧写进节点。传感器网络是自组织完成组网的，这两个参数决定了节点参与组网的方式。

网络类型有星状网、树状网、网状网三种，如图 5-66 所示。

图 5-66 ZigBee 网络三种拓扑关系

星状网中，只有协调器和终端设备两种类型的节点，终端设备都与协调器直接进行无线连接。星状网络的缺点是网络覆盖范围很小，这是由于 ZigBee 网络节点之间的无线通信距离最大只有 80m，因此，星状网络的覆盖范围最多是一个以协调器节点为圆心、半径为 80m 的圆，通常只做一些实验或验证性质的工作。

树状网中，路由节点与协调器或一个路由节点无线相连，终端节点都与协调器或一个路由节点无线相连。由于路由节点可以起到通信中继的作用，因此，路由节点的覆盖范围可以随着中继通信节点的数量而扩大。

网状网中，路由节点之间可与协调器以及多个路由节点无线相连，因而在路由节点之间能够形成网状结构。终端节点还是与协调器或一个路由节点无线相连。树状网和网状网的区别在于：树状网有父子节点的，每个节点只有一个父节点，网状网中路由节点彼此平等，没有层级关系，可以互连。

ZigBee 网络节点类型分为协调器节点、路由节点、终端节点三类。我们可以事先确定每个节点的类型。例如，本实验使用的 6 个节点类型已经确定，其中，0 号节点是协调器，1 号和 3 号节点是路由节点，2、4、5 号节点是终端设备。

一个传感器网络类型确定以后，该网络中所有节点的节点程序中网络类型参数都要赋予代表这种网络类型的参数值。在本次实验中，我们采用树形网络结构，各个节点程序中网络类型参数值都取 NWK_MODE_TREE。节点类型参数值则根据节点类型确定。在程序中确定这两个参数以后，就可以生成节点程序，烧写进节点。确定节点参数以后，就可以加电启动网络了。

5.4.2 节点程序生成

ZigBee 协议栈提供了例子程序，对于不同类型的节点，需要选择相应类型的程序。编辑、编译程序的平台是 IAR，它编译生成 .hex 类型的烧写程序。

启动 IAR Embedded Workbench，打开 SappWsn. eww 工程文件，如图 5-67 所示。

SappWsn. eww 工程是包含三种类型节点的工程程序。针对不同类型的节点，需要选择对应的工程，方法是点击菜单"Project""edit configurations"，在打开的窗口中（图 5-68），CoordinatorEB、RouterEB、EndDeviceEB 分别代表协调器节点、路由节点、终端节点工程。选择其中一个点击"OK"即可。

123

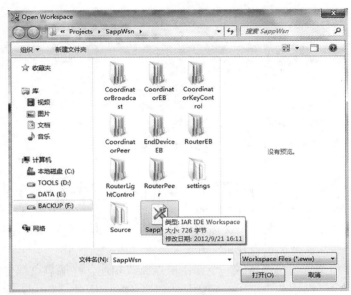

图 5-67　打开 SappWsn. eww 工程

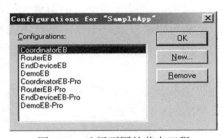

图 5-68　选择不同的节点工程

以制作协调器节点为例。在 Workspace 项下选择 CoordinatorEB 工作区，修改 nwk 目录下 nwk_globals. h 文件中的 NWK_MODE，定义为 NWK_MODE_TREE（如图 5-69 所示）。注意，为了保护协议栈中的例子程序，不需要的语句一律采用注释的方法消除，避免物理删除、难以恢复。点击"Project""Rebuild All"重新编译程序，点击"File""Make"，在指定的路径得到生成的烧写程序 SampleCoordinator. hex。

路由器节点和终端节点程序制作方法类似，不同的只是在 Workspace 项下分别选择 RouterEB 和 EndDeviceEB 工作区。制作出的三种程序分别烧写进三种类型的节点，烧写方法与上节方法相同。节点烧写完成以后，需要为每个节点设置参数，设置方法与上节方法相同。

5.4.3　连接网络

协调器(也就是网关)节点与计算机相连，路由节点、终端节点与各自的传感器部件相连，依次上电，端节点加入网络，网络形成开始工作。在计算机上打开程序"网络测试程序 v1. 0. exe"。如果一切正常，可以看到计算机接收的网络传来的实时数据，程序窗口

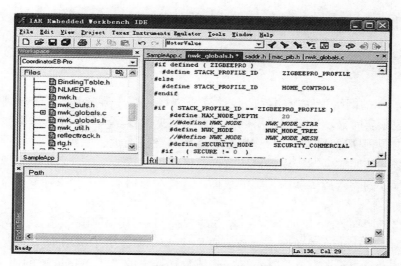

图 5-69　设置树状网络参数

中"亮度一""亮度二""亮度三""关闭"等按键，也能看到上位机对调光灯亮度的控制。如果不正常，需要找出出错环节，重新做。

在计算机上运行程序"物联网网络终端（单一传感器）v3.2.exe"，可以看到 ZigBee 网络组成情况，如图 5-70 所示，该程序可以检查我们的网络是否达到设计要求。可以看到，这是一个树状网络，有 1 个网关节点，2 个路由节点和 3 个终端节点。网络的拓扑关系取决于节点加电时率先与哪一个周边可连接节点连上，有一定的随机性。我们在乎的是每个节点都能连上网络，并把数据传回来，不关心该节点通过哪个节点传回数据。

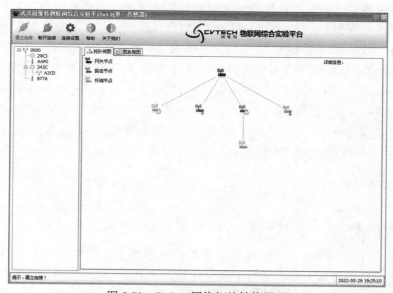

图 5-70　ZigBee 网络拓扑结构图示

5.5　实习三：采集数据接收与采集数据保存

5.5.1　概述

图 5-57 所示的网络程序应用界面是计算机网络应用中客户端程序的典型应用形式，界面中很多表项实时显示来自网络不同数据源的数据。客户端程序作为数据接收方，与一个或几个数据源程序通过网络进行连接，通过网络连接通道接收数据源程序发来的数据。客户端程序必须按照数据源程序提供的数据帧格式接收数据。反过来，数据源程序也可以按照客户端程序的要求提供新的种类的数据。这种对通信双方的约束性要求就是我们常说的网络通信协议。

只要满足网络通信协议的要求，客户端程序可以用各种语言编写。常用的有 C#，Java，以 HTML 为基础的各种标记语言，它们多多少少提供了网络通信的支持功能。例如，WPF(Windows Presentation Foundation)是微软推出的基于 Windows 的用户界面框架，属于 .NET Framework 的一部分；它提供了统一的编程模型、语言和框架，真正做到了分离界面设计人员与开发人员的工作；同时它提供了全新的多媒体交互用户图形界面；它需要使用可扩展应用程序标记语言 XAML。

本实习使用的客户端程序"网络测试程序 v1.0.exe"是用 VS2010C#完成的，它的源程序是光盘中的 SmartTest 项目。它是厂家提供的客户端程序，并不符合我们的要求。第一，它没有采集数据的保存功能。传感器网络采集的环境数据是后续空间分析、决策等多种应用的基础，必须以数据文件的形式保存下来，供以后数据处理使用。第二，它没有采集"组号"和"节点号"数据。我们后续的野外环境参数测量实验中，需要分多个小组，对部分校园不同但相邻的监测区进行环境数据实测，最终综合每个小组的测量数据形成部分校园环境数据显示图。每个数据来自哪个小组的几号传感器，对于确定数据采集的地理位置很重要，对于数据溯源必不可少。另外，显示窗口中的源地址、父地址两项对我们后续的实验没有用处，要把这两项改为"组号"和"节点号"，并记录下来。

但是，数据源程序(也就是我们已经烧写进节点的节点程序)并没有提供"组号"和"节点号"信息，所以，我们首先要对 SappWsn.eww 工程文件做必要修改，使其在传输数据中加入组号和节点号。其次，修改 SmartTest 项目，使其能够接收修改后的数据帧并将接收数据以文件形式保存下来。对源程序的修改有助于我们加深对 TI 的 Z-Stack 协议栈这个半开源的程序集的了解，也加深对 ZigBee 传感网的了解。

5.5.2　源程序修改

1. SappWsn.eww 工程文件修改

对该工程文件的修改是为了让每个节点在传输监测数据的同时传输组号和节点号信息。每个节点都已经明确了自己的组号和节点号，为了尽可能少地变动源程序，我们修改每个节点程序，让每个节点在传输的数据帧中添加自己的组号和节点号两个数据。由于每个节点组号和节点号都不相同，因此每个节点程序都不同，不存在几个节点共有一个程序的情况，必须为每个节点开发、烧写节点程序。

我们以 1 号节点为例，说明如何进行修改。1 号节点是路由节点，连接的是温湿度传感器，这是修改程序的必要信息。

在 IAR 上打开 SappWsn. eww 工程。我们的网络类型选为树状网络，首先在 Workspace 项下选择 CoordinatorEB 工作区，如图 5-69 所示，将网络参数设置为树状网络。

然后开始修改 1 号节点程序。在 Workspace 项下选择 RouterEB 工作区，在 App 文件夹中点击打开 SAPP_Device. c 文件，该文件将在主窗口中打开，如图 5-71 所示。

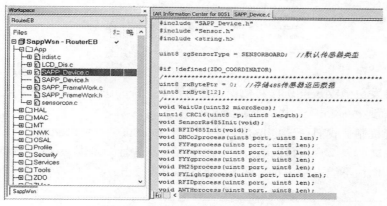

图 5-71　打开 SAPP_Device. c 文件

在该文件中找到传感器处理函数 SensorRs485Process，可以看到，与我们实验相关的光照、温湿度传感器的处理函数分别是 FYLightprocess( ) 和 AWTHprocess( )，如图 5-72 所示。

图 5-72　寻找传感器处理函数

找到 AWTHprocess 函数。从源程序中可以看到，Z-Stack 协议栈设置了一个 8 字节长的无符号整形数组 SendBuf[8]用来存放传输数据，数据排列依次是：本节点地址，父节点地址，传感器类型，温度高位，温度低位，湿度高位，湿度低位等 7 个数据，每个数据用一个无符号整形数表示，如图 5-73 所示。

```
ParentShortAddr = NLME_GetCoordShortAddr();
SendBuf[0] = (unsigned char)(ParentShortAddr);
SendBuf[1] = (unsigned char)(ParentShortAddr>>8);
#if defined(RTR_NWK)
    SendBuf[2] = 0x40 | zgSensorType;
#else
    SendBuf[2] = 0x80 | zgSensorType;
#endif
SendBuf[3] = rxByte[2]; //发送数据 温度高位
SendBuf[4] = rxByte[3]; //发送数据 温度低位
SendBuf[5] = rxByte[0]; //发送数据 湿度高位
SendBuf[6] = rxByte[1]; //发送数据 湿度低位
```

图 5-73　温湿度传感器传输数据的组合方式

最后通过发送函数 SendData 将数据发往协调器。SendData 只发送整个数组 SendBuf 中从 SendBuf[0]到 SendBuf[6]共 7 个数据。

根据这套机制，我们在 SendBuf 数组中增加 SendBuf[7]到 SendBuf[8]，分别代表组号和节点号。之所以不直接替换本节点地址和父节点地址，是因为这两个地址还在网络传输过程中起作用，不能去除。我们首先扩大 SendBuf 数组，如图 5-74 所示。

```
void AWTHprocess( uint8 port, uint8 len)
{
    uint8 ch;
//    uint8 SendBuf[8];//原行，采用注销方式保存，便于恢复，千万别删掉！！！
    uint8 SendBuf[12];//多发送2位数据，扩大缓存区

    uint16 ParentShortAddr;
    static uint8 state = 0;
```

图 5-74　扩大数组

然后将组号和节点号加入数组，并发送出去，如图 5-75 所示。由于增加了两个整数，因此发送字节数由 7 变为 9。

```
ParentShortAddr = NLME_GetCoordShortAddr();
SendBuf[0] = (unsigned char)(ParentShortAddr);
SendBuf[1] = (unsigned char)(ParentShortAddr>>8);
#if defined(RTR_NWK)
    SendBuf[2] = 0x40 | zgSensorType;
#else
    SendBuf[2] = 0x80 | zgSensorType;
#endif
SendBuf[3] = rxByte[2]; //发送数据 温度高位
SendBuf[4] = rxByte[3]; //发送数据 温度低位
SendBuf[5] = rxByte[0]; //发送数据 湿度高位
SendBuf[6] = rxByte[1]; //发送数据 湿度低位

SendBuf[7] = 20; // 增添的组号，请添加在全班的组号（即1-26中的一个）。本示例，组号取20
SendBuf[8] = 1;  // 增添的节点号。温湿度路由节点为1.
//    SendBuf[8] = 2;  // 温湿度终端节点为2.
//每个传感器节点程序都不一样，烧制时应注意区别
//    SendData(TRANSFER_ENDPOINT, &SendBuf[0], 0x0000, TRANSFER_ENDPOINT, 7); //原行，采用注销方式保存
    SendData(TRANSFER_ENDPOINT, &SendBuf[0], 0x0000, TRANSFER_ENDPOINT, 9); //在拷贝的新行中修改
}
```

图 5-75　添加数据并发送

网关程序不用改动，网关转发数据长度是根据节点发送的数据长度来定的，可以认为是透传。

程序修改完成后，就可以编制烧写程序，然后烧写到节点，在完成节点参数设置以后，1号节点就制作好了。对于2号节点，程序修改方法类似，只是2号节点是终端设备节点，在Workspace项下选择的工作区是EndDeviceEB。3、4号节点连接的传感器部件是光照传感器，相应要修改的函数是FYLightprocess，修改方法与温湿度传感器节点类似。0号节点是协调器节点，5号终端设备调光灯节点没有数据回调问题，只要将程序中的网络参数变量设置为树状网络即可。

每个传感器节点程序都不一样，制作节点时要注意区别。

2. SmartTest 项目修改

采集和发送的数据变了，相应的接收数据程序也要修改。修改包括三个方面：①接收端窗口内容要修改，将"源地址""父地址"两项分别改为"组号""节点号"。②将接收数据中的组号、节点号数据分别显示在两个对应栏目下。③将采集数据以文件形式保留下来。

接收端程序是SmartTest项目的执行程序，SmartTest项目是在VS2010上用C#完成的。厂商在光盘中为我们提供了SmartTest项目源程序。

1）接收窗口界面修改

在VS2010中打开项目，在SmartTest. Designer. cs中，注销表格标题栏中"源地址""父地址"语句，增添"组号""节点号"标题栏语句，如图5-76所示。

```
//
// infoSrcAddr
//
//    this.infoSrcAddr.HeaderText = "源地址";
this.infoSrcAddr.HeaderText = "组号";
this.infoSrcAddr.Name = "infoSrcAddr";
this.infoSrcAddr.ReadOnly = true;
this.infoSrcAddr.Width = 65;
//
// infoDstAddr
//
//    this.infoDstAddr.HeaderText = "父地址";
this.infoDstAddr.HeaderText = "节点号";
this.infoDstAddr.Name = "infoDstAddr";
this.infoDstAddr.ReadOnly = true;
this.infoDstAddr.Width = 65;
//
```

图5-76 更改输出表格小标题内容

2）组号、节点号数据显示

在客户端程序中，我们需要知道在哪里获取数据。在SmartTest项目中，将SmartTest. cs文件中的handleData函数进行原始数据包的处理。打开SmartTest. cs文件，找到handleData函数，可以看到原始数据包存放在Packet字节数组中，如图5-77所示。

源程序从传来的数据包Packet中分别获取了源地址、父地址、节点类型、传感器名称以及环境参数值后，通过函数addSensorInfo添加传感器信息到传感器数组中，并把数据采集时间信息同时添加到传感器数组中；通过 addPrintInfo 函数在表格中显示传感器详细信息。

```
//分析处理数据包
private void handleData(byte[] Packet)
{
    if (Packet[Packet.Length - 1] == xorVerify(Packet))
    {
        if (Packet.Length > 12)
        {
            if (Packet[7] == 0x01)
            {
                printData(0, Packet);
                string strSrcAddr = "";
                string strDstAddr = "";
                string strType = "";
                string strName = "";
                string strValue = "";
                byte[] bData = new byte[4];
                strSrcAddr = string.Format("{0:X2}{1:X2}", Packet[5], Packet[6]);
                strDstAddr = string.Format("{0:X2}{1:X2}", Packet[8], Packet[9]);

                int iNodeType = (Packet[10] & 0xC0) >> 6;
                int iSensorType = Packet[10] & 0x3F;
                if (iNodeType == 0) strType = "网关节点";
                else if (iNodeType == 1) strType = "路由节点";
                else if (iNodeType == 2) strType = "终端节点";
                switch (iSensorType)
```

图 5-77　客户端处理原始数据包的函数

现在在 handleData 函数中，我们用组号和节点号数值替换不再需要的源地址、父地址数值，借助源地址、父地址变量，将组号和节点号输出在表格中，如图 5-78 所示。

```
                string strValue =   ;
                byte[] bData = new byte[4];
   //            strSrcAddr = string.Format("{0:X2}{1:X2}", Packet[5], Packet[6]);
   //            strDstAddr = string.Format("{0:X2}{1:X2}", Packet[8], Packet[9]);
                strSrcAddr = Packet[15].ToString();
                strDstAddr = Packet[16].ToString();

                int iNodeType = (Packet[10] & 0xC0) >> 6;
                int iSensorType = Packet[10] & 0x3F;
                if (iNodeType == 0) strType = "网关节点";
```

图 5-78　用组号和节点号替换源地址、父地址

修改后的输出结果如图 5-79 所示。

3）将数据保存在文件中

在 handleData 函数中，我们已经得到了必要的数据，因此可以在此添加数据保存指令，将数据保存在文件中。温湿度数据和光照数据要分开保存，因此我们设置两个文件，根据传感器的名称不同，决定将数据写入哪个文件。

首先，创建两个文件流，分别记录光照环境参数和温湿度环境参数，如图 5-80 所示。

然后在两个传感器节点每获取一个环境数据后，立即写入文件中。图 5-81 所示为光照传感器采集数据的存储指令，温湿度传感器与之类似。

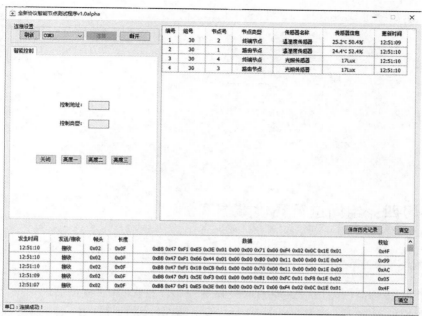

图 5-79　具有组号和节点号的终端输出表格

```
//分析处理数据包
private void handleData(byte[] Packet)
{
//-----------------------------------建立文件流------------------------------------
    FileStream fs1 = new FileStream("d:\\Lsensor.txt", FileMode.OpenOrCreate);
    FileStream fs2 = new FileStream("d:\\TWsensor.txt", FileMode.OpenOrCreate);
    StreamWriter sw1 = new StreamWriter(fs1, Encoding.GetEncoding("gb2312"));
    StreamWriter sw2 = new StreamWriter(fs2, Encoding.GetEncoding("gb2312"));
//---------------------------------------------------------------------------------

    if (Packet[Packet.Length - 1] == xorVerify(Packet))
    {
```

图 5-80　建立环境参数记录文件流

```
case 0x30:
    strName = "光照传感器";
    for (int i = 0; i < bData.Length; i++)
    {
        bData[i] = Packet[11 + i];
    }
    strValue = translateDataIllumination(bData);
    addSensorInfo(strSrcAddr, strDstAddr, strType, strName, strValue);
//-----------------------------------数据写入文件----------------------------------
    sw1.BaseStream.Seek(0, SeekOrigin.End);
    sw1.Write(DateTime.Now.ToString());
    sw1.Write("\t");
    sw1.Write(strSrcAddr);
    sw1.Write("\t");
    sw1.Write(strDstAddr);
    sw1.Write("\t");
    sw1.Write(strType);
    sw1.Write("\t");
    sw1.Write(strName);
    sw1.Write("\t");
    sw1.Write(strValue);
    sw1.Flush();
//---------------------------------------------------------------------------------
    break;
```

图 5-81　记录环境参数

最后在函数结尾处关闭两个文件流，如图 5-82 所示。

```
//--------------------------------关闭文件流-----------------------------------
                sw1.Close();
                sw2.Close();
//-------------------------------------------------------------------------

            }

            //ASCII转化为16进制字符
            public byte ascii2byte(byte src)
            {
```

图 5-82　关闭文件流

5.6　实习四：组网进行环境数据实测

5.6.1　概述

用 ZigBee 传感器网络进行实地测量实验是为了体验 ZigBee 传感器网络的实际应用过程和后续数据处理方法。试验区为武汉大学信息学部校园中划定的一个区域，区域内有水泥路面、草地、灌木、大树、楼房及阴影区。实验目标是测量区域内某个时间段内温度、湿度、光照度等环境参数，并对测量数据作简要处理。

监测区是一个面状地物，我们需要根据测量的点状参数，用内插工具进行由点及面的内插计算，就能获得整个监测区的环境数据。监测区中监测点处的温度、湿度、光照度等环境数据是我们使用传感器网络中的节点采集的，非监测点的环境数据是由监测点数据推导出来的。

传感器网络中每个节点都有一个地理位置坐标，用经纬度表示，这个位置坐标也是该节点所采集数据的几何位置属性。我们每采集一个环境数据，都要同时记录其几何位置属性。其实，我们在布设网络时，每个节点的节点号和节点的地理坐标位置值都被记录下来，在采集数据时，只要根据节点号就可以很容易地查询到节点的位置坐标，获取采集数据的几何位置属性，再使用内插工具就可以完成整个监测区内任何位置的环境数据推导计算。为了保证一定的精度，也为了保证通信的畅通（ZigBee 节点的最大通信距离为 80m），网络传感器节点不能布置得太稀疏，节点间的距离不能太远。但具体的相邻节点距离需要根据实际的网络设备、实际的应用需求设置，并在网络设计阶段明确确定。布设一个传感器网络，首先需要进行网络设计，设计的目标就是在监测区哪些地方需要布设什么类型的节点，监测区中共需要多少节点，节点之间间距有多大，每个传感器节点编号，节点连接的是什么传感器，节点所在位置经纬度坐标等。经过设计阶段，我们可以获得节点的必要信息，可以把网络类型、节点编号、节点连接传感器类型等信息烧写进节点，完成节点的正确制作。

一个长期布置的传感器网络，还可以在不同的时间段连续采集、记录环境数据，形成时间序列环境数据，为环境数据的变化规律研究提供素材。

用于环境监测的传感器网络，其节点位置事先精确计算，按照计算的位置人工布设，可以由人工方便地进行节点电池更换、修理甚至更换整个节点，以延长网络寿命；网络也不再需要进行节点定位计算，减少了冗余工作，提高了工作效率。实际应用的不同传感器网络之间，因为其应用需求不同，往往有着较大的差异。很难设计出一种满足各种需求的通用型传感器网络。

当每个节点都按照设计坐标布置到位，加电启动，网络自组织成功，每个节点通过网络中唯一的协调器节点向上位机传输所监测的数据。在上位机中可以发送指令，规定数据采集间隔、采集时间，采集的原始数据全部记录进磁盘文件。

数据经过整理，可以有多种用途。在本实验中，我们做最简单的工作，使用 ArcGIS 工具，将采集的点数据内插成覆盖监测区的面状数据。原始记录中有采集数据的传感器编号，我们也已经有了每个传感器节点的经纬度位置坐标，因此每个采集数据的位置属性信息是已知的。

实习报告是对实验过程的记录、实验结果的分析、实验工作的总结以及实验学习过程的收获。实习报告的撰写应该既要简洁明确，又不能遗漏重要内容。

5.6.2 数据采集过程

根据后续数据处理要求，需要采集两类数据：

（1）某一时刻传感器网络所有节点采集的环境数据，每个节点都要采集温度、湿度、光照度三种环境数据。数据处理的目标是根据这些传感器节点采集的点状环境数据，推导出覆盖整个监测区的面状环境数据，或者说推导出监测区中任意一点的环境数据。在监测区中任选若干个点测量环境数据，并与推导出的该点数据对比，以确定推导数据的精度。

（2）取若干个点，连续测量一段时间的数据，找出数据变化规律。

1. 组网困难及对策

将整个实验区划分成若干块，每个实验小组负责一块，实验区底图如图 5-83 所示。每个小组在各自的实验区中相对独立测量数据，汇总所有小组的测量数据则获取覆盖整个实验区的环境数据。

实际的传感器网络应该在监测区布置了大量传感器节点，布置好了的每个节点各自采集所在地环境数据。所有的节点一般在协调器节点统一指挥下，在相同的时间、以固定的时间间隔工作；个别节点也可以根据协调器节点专门的指令独立地工作。但在我们这里，一个组只有 4 个节点，无法覆盖监测区。另外，我们所使用的传感器节点是教学型的，无线传输距离远达不到 ZigBee 节点 80m 的最大传输距离。以往的实验表明，在晴朗干燥的天气下，我们所使用的这套传感器节点室外无线传输距离只有 10m 左右，在最差的潮湿阴雨天气条件下，室外无线传输距离只有 1m。节点数量和传输距离的限制，没有办法一次性布置一个覆盖整个监测区域的网络。

采用如下对策：首先，确定监测区内所有节点位置，依次在每个采集点安置传感器节点，用笔记本电脑连接协调器节点，手持笔记本电脑和协调器节点靠近安置的传感器节点，收集该节点的采集数据；然后，在下一个数据采集点重复，直到所有的采集点数据收集齐。这样采集的数据在时间上有先后，不像真实的传感器网络所有节点数据几乎是同时

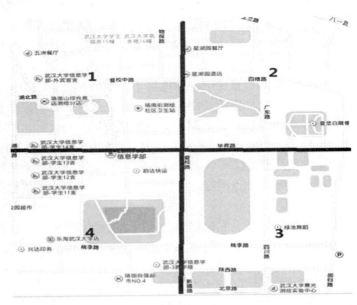

图 5-83　监测区划分

采集获得。考虑到温湿度、光照度等环境参数在一个较短的时间周期内变化很小，只要我们在一个环境变化较为稳定的短时间周期内（如 60min）完成所有采集点的环境数据采集，采集的数据不会有太大的误差。这就要求我们事先做好充分准备，在较短时间内，连续、顺利、不停顿地完成所有监测点的数据采集。

如果相邻监测点环境数据差异较大，说明该区域属于变化剧烈区域，为了取得较高的内插精度，可以适当增加监测点，提高局部监测密度。

2. 环境数据坐标属性和时间属性

测量数据的坐标属性对于后续的内插数据处理必不可少，必须记录每一个测量数据的空间位置坐标。在传感器节点上增加一个 GPS 传感器，并在应用软件中增加几何坐标记录功能不是难事，但我们的实验套件中也没有 GPS 传感器。变通方法是：在记录监测点环境参数的同时，用手机测量、并记录传感器节点经纬度，虽然手机测量位置精度有所欠缺，但不影响我们体验传感器网络工作实际过程。

从前面的实习可以看到，环境数据的测量时间随测量数据一同由传感器传来，应用软件也可以同时记录测量数据和测量时间，环境数据的时间属性是完备的。我们整个实验区的数据是各自独立测量并事后组合，为了避免不同区域测量数据的整体偏差。要求各组尽量在同一天的同一时间段进行本组的数据采集。每一组实际上是在每一个测量点依次测量得到每一个数据，为了避免不同测量点测量时间间隔太大，要求每一组事先做好充分准备，争取在相对短的时间段内完成数据的采集工作。

利用环境数据的时间属性，我们可以测量得到时间序列的环境数据，可以为进一步研究环境数据的变化规律奠定基础。在本实验中，受限于实验条件，我们实际上并没有组建实际的传感器网络，每个数据的测量需要人工移动跑点，测量代价大大高于实际网络，因此只能测量少量节点，更重要的是体验实际网络的工作过程。基于此，本次实验只测量和展示环境数据在短时间范围内的变化。

5.6.3 数据可视化处理

首先按照数据处理工具的要求，整理、准备采集数据。

采用 ArcGIS 软件提供的工具对采集的数据进行内插和可视化。ArcGIS 工具对保存的 txt 文件进行内插，具体采用如下模块：GeoProcessing→ArcToolbox→Interpolation，如图 5-84所示，有很多种不同的内插工具可以使用。

图 5-84　ArcGIS 工具选用

ArcGIS 内插工具对 txt 数据文件的格式要求很简单，只需要将点状采样值和点所在的经纬度以

X1　Y1　Value1

X2　Y2　Value2

　　……

格式形式保存在 txt 文件中，X、Y 为经纬度，Value 为观测值，是温度、湿度、光照度中的一个。我们需要整理原始采集数据，将监测区内所有同一时间段内测量的温度、湿度、光照度测量数据分别整理到各自的文本文件中，然后使用内插工具内插计算出关于监测区的温度、湿度、光照度分布图。图 5-85 所示是一个小组环境数据内插结果分布图。

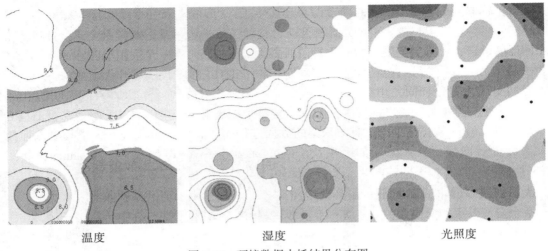

温度　　　　　　　　　　　湿度　　　　　　　　　　　光照度

图 5-85　环境数据内插结果分布图

可视化分布图需要叠加到底图上，原始底图没有坐标，缺乏空间参考信息，底图与分布图无法合并，需要人为进行地理配准。利用 ArcGIS 地理配准功能，选择分布合理的一定数量的控制点，通过实地测量控制点经纬度，输入对应点坐标，对其进行配准。图 5-86是该小组的叠加结果。

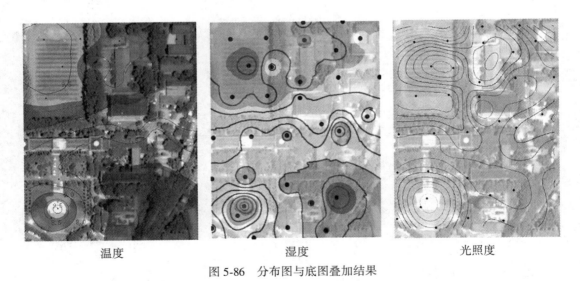

温度　　　　　　　　　　　湿度　　　　　　　　　　　光照度

图 5-86　分布图与底图叠加结果

内插分布图反映的是整个监测区在某个时间段的环境数据现状。另一种常用的图是反映环境数据与时间变化规律的时间序列图，从中可以找出或分析某观测点环境参数随时间的变化规律。取不同时间间隔可以很容易地画出环境参数在一日、一周、一月、一季、一年内的变化曲线，前提是存在一个永久布置的传感器网络。我们的实习中，测量节点存在时间有限，只能用一个很短的时间段显示环境参数时间序列测量值，模拟实际测量情况。

图 5-87 所示是某实验小组在一个监测点测量的光照度时序数据，持续时间为 20min，图中时间采样间隔为 15s。

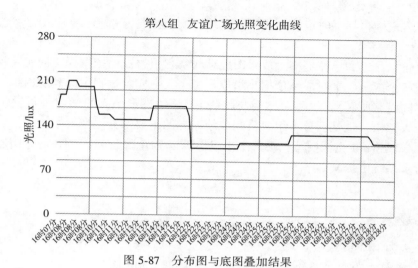

图 5-87　分布图与底图叠加结果

5.7　实习报告

上述四个实习，实际是一个综合实习的四个方面、步骤，拆分是为了更清晰、详细地说明。实习报告针对整个综合实习，以野外环境数据实测为主要说明内容。实习报告的内容应包含(但不限于)以下内容：

第 1 章　概述

　　1.1　实习目的

　　1.2　实习内容

　　1.3　人员组成

　　1.4　时间安排

　　1.5　实验的软硬件环境

第 2 章　实验设计与实现

　　2.1　ZigBee 传感器网络开发软件环境的设置与使用

　　2.2　ZigBee 传感器节点程序烧写与参数设置

　　2.3　ZigBee 传感器网络组网

　　2.4　PC 端数据接收程序的修改

　　2.5　基于传感器网络的校园环境参数采集

第 3 章　实习成果及其说明分析

　　3.1　实习数据处理与成果展示

　　3.2　成果数据分析

第 4 章 实习总结与体会
  4.1 实习情况总结
  4.2 实习体会与收获

实习报告成绩包括平时成绩、成果图成绩、实习报告三部分，所占比例分别为 20%、20%、60%。

实习报告以小组为单位提交。成果图成绩与实习报告成绩依据提交的实习报告文档质量赋予小组每个成员。平时成绩依据小组成员每个人在实验过程中起到的组织、引领、主导作用的不同而有所区别。"实习体会与收获"部分体现了个人的学习心得，包括小组每个成员的个人感悟，也是区分小组成员间成绩差异的重要部分。

实习报告以 Word 文档撰写，由每个小组组长以 PDF 文件格式，在遥感信息工程学院实习教学管理系统中提交。

◎ 本章习题

一、填空题

1. 在本章所涉及的实验内容中，网关节点就是 ZigBee（　　　　），负责组建一个 ZigBee 网络，在网络正常工作时负责与任务管理节点进行数据交换，收集网络监测数据交给管理节点，接受管理节点指令下发给各个传感器节点。

2. 传感器节点独立工作在（　　），需要电池提供电源，因此，我们的实验器材中，传感器节点都加装了蓄电池，相较于协调器，增加了一个盒子。

3. 必须根据网络设计向传感器节点烧写对应的程序。在本章所涉及的实验内容中，烧写程序的软件是（　　　　　　），烧写程序的接口是（　　　　　　），烧写节点以及配置参数时，必须将节点配置按钮（　　），烧写以及配置参数完成后，必须将节点配置按钮（　　）。

4. 传感器网络中的节点相互之间都是无线通信，节点识别本网络其他节点依据的两个参数是（　　　　）和（　　　　）。同一个网络的所有节点，这两个参数必须一致。

5. 标识本网络中每个节点的参数是（　　　　），同一个网络中不同节点的这个参数必须各不相同。

6. 在本章所涉及的实验内容中，存在协调器、路由节点、终端节点三种不同类型的节点，标识节点类型的参数是在（　　　　　　　）平台上的（　　　　）工程文件中设置的。

7. 传感器网络中有传感器节点和执行节点两大类。传感器节点是采集环境数据并向任务管理节点传输环境数据，执行节点则是接收任务管理节点发出的指令，并根据指令执行某种动作。在本章所涉及的实验内容中，（　　　　　　）代表了传感器网络的执行节点，（　　　　）和（　　　　）代表了传感器网络的传感器节点。

8. ZigBee 网络拓扑结构有星型结构、树形结构和网络结构。在本章所涉及的实验内容中，生成哪一种结构的参数是在(　　　　　　　　　　)中设置的。

9. 在本章所涉及的实验内容中，生成的网络结构可以在(　　　　　)软件中以图形方式显示出来。

10. 在本章所涉及的实验内容中，接收传感器网络采集数据的软件是(　　　　　)，它运行在作为任务管理节点的计算机上，能够以表格的形式实时显示汇聚节点传输过来的数据帧，并根据数据帧解译、显示各传感器采集的环境数据，还可以向网络中的执行器节点发出指令。

11. 在本章所涉及的实验内容中，接收传感器网络采集数据软件的源程序是(　　　　　)，是用(　　　)软件编程而成的。与其进行网络通信的另一端程序是(　　　　　　)。

12. 在本章所涉及的实验内容中，对接收传感器网络采集数据软件进行了修改，增加了传感器节点的(　　)和(　　　)信息，为此，网络通信的另一端程序也进行了修改，以使传感器节点能够将这两个参数随采集的环境参数一同发出。

13. 在本章所涉及的实验内容中，传感器节点并不是均匀分布在监测区中。环境参数变化大的区域，分布节点(　　)，变化小的区域，可以分布(　　)。

14. 在本章所涉及的实验内容中，由于各小组传感器节点数量有限，节点无线通信距离也不理想。实际测量时，是在预先设计的节点分布地点依次布设节点测量，然后移至下一个节点处。这样，不同测点的数据就不是同时采集。为了避免测量值差距过大，应该在尽可能(　　)的时间内，完成整个测区的数据采集。

15. 在测量环境数据的同时，应该同时测量并记录节点的(　　　　　)和(　　　　　)。在后续数据处理过程中，这两个参数必不可少。

二、判断题

1. 在本章所涉及的实验内容中，所使用的节点设备都具有参数设置状态和帧正常工作状态。在烧写程序和设置参数时，必须将节点设备设置为参数设置状态；在传感器网络工作时，节点设备必须设置为工作状态。这两种状态的转换，由一个红色按键控制。　　　　　　　　　　　　　　　　　　　　　　　(　　)
2. 如果一个ZigBee网络事先设置为星型，一定会生成一个星型网络。(　　)
3. 如果一个ZigBee网络事先设置为树形，一定会生成一个树形网络。(　　)
4. 如果一个ZigBee网络事先设置为网络结构，一定会生成一个网络结构的网络。　　　　　　　　　　　　　　　　　　　　　　　　　　(　　)
5. 要生成一个树形结构或网络结构的网络，一定要有路由节点。(　　)
6. ZigBee网络是自主生成的，其最终的网络结构不受人为控制。(　　)
7. 任务管理器上的数据接收软件是网络通信的一端，可以用任何语言编辑完成，但在功能上要与网络通信的另一端程序对接。　　　　　　　　(　　)
8. 传感器网络终端节点一般具有传感器节点和执行节点两大类。传感器节点负责在监测区中采集环境数据，并向任务管理节点传输环境数据；执行节点接收任务管理节点发来的指令，并据此执行某种动作。　　　　　　　　　　(　　)
9. 任务管理节点不仅向执行节点发出指令，以指挥执行节点做一些事情，也向传感器节点发出指令，例如改变数据采集频率、整个网络同步进行休眠或工作状态。总之，传感器网络的工作是在任务管理节点的控制下进行的。　　　　　　　（　　）

10. 在本章所涉及的实验内容中，SmartTest 项目和 SappWsn. eww 工程文件网络通信的两端，它们必须匹配，对其中一个程序的修改，就要在另一个程序中做相应修改。　　　　　　　　　　　　　　　　　　　　　　　　　　　　　　（　　）

11. 在本章所涉及的实验内容中采用的是 ZigBee 网络节点的教学型，通信距离十分有限。组建实用网络一定要使用工业级网络节点。　　　　　　　　　　（　　）

12. 在本章所涉及的实验内容中使用的 SmartTest 项目是实验软件自带的演示软件源程序。在缺乏必要资料时，通过阅读和研究该程序，可以了解 Z-Stack 协议栈支持的传感器网络内部数据采集格式和数据传输途径。　　　　　　　　（　　）

13. 在本章所涉及的实验内容中使用的 SappWsn. eww 工程文件是 Z-Stack 协议栈自带的演示软件源程序。在缺乏必要资料时，通过阅读和研究该程序，可以了解 Z-Stack 协议栈支持的传感器网络内部数据采集工作流程。　　　　　　　（　　）

14. 在本章所涉及的实验内容中，首先应用传感器节点采集点环境参数，然后使用 ArcGIS 工具软件，将点数据扩展为面数据，直到覆盖整个监测区。　　（　　）

15. 为了能将环境参数点数据扩展成面数据，必须在测量环境参数时，同时记录其对应的地理坐标经纬度和测量时间。　　　　　　　　　　　　　　　　　（　　）

16. 环境数据分布并不均匀，有些区域环境数据变化大，有些区域环境数据变化小。为了更准确地获取环境数据，在起伏变化大的区域应该多布设传感器节点，在变化小的区域可以少布置一些传感器监测节点。　　　　　　　　　　　　（　　）

17. 环境数据必须具备时间和地理坐标属性，否则数据无用。　　　　　　（　　）

三、名词解释

程序烧写　节点传输距离　传感器节点　执行节点　星型网络结构　树形网络结构 网络型网络结构

四、问答题

1. 简述本实习中各种软硬件的作用。

2. 实习中采用什么措施来避免不同 ZigBee 网络节点如何互相串联？解释这些措施的原理。

3. 制作一个传感器节点，一要烧制程序，二要设置参数。在本实习中，这两个步骤分别用什么软件完成？

4. 通过实习一，我们实现了哪几个重要目标？

5. 在实习二中，我们组建了什么类型的网络？

6. 在本实习中，我们的客户端程序数据接收程序是用 VS2010 C++完成的，实际上，客户端接收程序只要和传感器网络数据传输程序参数匹配，可以用任何网络通信语言完成。查询资料，了解 HTML、Java 等常用网络语言如何编制网络数据通信程序。

7. 在实习四中，我们进行了环境数据实测试验。谈谈这次环境数据实测实习的体会、收获。

第 6 章　基于 M2M 的传感器网络

M2M 是物联网连接技术，物联网是把各种机器通过互联网与计算机相连。传感器网络的基本作用是把传感器节点与称为任务管理节点的计算机相连，并在传感器节点和任务管理节点之间双向传输数据、指令。传感器节点也是一种机器，因此传感器节点可以通过 M2M 技术与任务管理节点相连，并在其中传输数据。M2M 可以替代传统的传感器网络。

实际上，在 M2M 技术发展到一定程度，人们就开始尝试用 M2M 技术作为连接传感器节点和任务管理节点之间的桥梁，并且取得大量成果，从而引起人们极大的兴趣和使用欲望。和传统的传感器网络相比，基于 M2M 的传感器网络具有传输距离远、有现成基础设施可以借用等优点，有成为传感器网络主流应用模式的趋势。因此，我们有必要学习和掌握这种传感器网络。

6.1　M2M 简介

6.1.1　物联网简介

为了更好地理解 M2M，有必要了解物联网。

物联网(Internet of Things，IoT)是将各种事物互连起来的计算机网络。这个物是指各种类型的机器，将机器互连是为了自动控制机器，让机器在事先编制的程序控制之下，自动地做一些事情。因此，连接的机器中一般都有一台计算机，因为计算机是智能机器，能够运行程序，能够处理数据，只有计算机才能够胜任指挥其他机器的任务。

狭义理解，利用任何计算机物理网络进行机器互连，该网络就可以称为物联网。就普遍意义而言，物联网与互联网紧密相连。物联网的提出就与互联网密不可分，其英文名字"Internet of things"直译就是"万物相连的互联网"；物联网所包含的核心技术(大数据、云存储、云计算、M2M 等)都是基于互联网环境；物联网的发展动力源于互联网技术的成熟、广泛应用以及人们利用互联网改造传统行业的强烈愿望。

物联网是在互联网成为人类社会重要基础设施的情况下发展起来的，是互联网的延伸和拓展。互联网连接的是人，数据由人发出，由人接收；物联网连接的是机器，数据由机器发出，由机器接收。作为机器的计算机本身就处在互联网之中，作为连接另一头的机器则是大量的各种类型的传感器和执行器。不同类型的传感器依据自己对环境的感知功能，获取真实世界的大量现时信息。这些信息汇总到计算机中，就使操作计算机的人及时获取真实世界现时状况，及时作出相应处理。计算机也可以根据事先编制的程序，自动处理信息，发出指令，指挥被称为执行器的机器自动作出反应，实现自动管理，极大减轻人类负担。这些信息还可以通过互联网传输到需要这些信息的任何计算机上，从而传输到操作这些计算机的人。如果说互联网世界是一个虚拟世界，那么物联网就实现了真实世界的互连，实现了虚拟世界与真实世界的互连。

实现物联网的关键是将感知真实世界的机器连入互联网，使这些机器能够将感知到的真实世界数据通过互联网传输给处理这些数据的计算机。于是，大量的接入网发展起来了。接入网是为了将各种机器连入互联网而开发的。可以采用有线接入方式，只要在机器上设置标准接口，就可以通过电缆实现机器的互连。更方便、更大规模的是无线接入方式，在互连机器上建立匹配的无线通信设备，就可以实现机器间的无线连接。无线接入网络有多个种类，它们都有基站，基站是一种连接无线接入网络的无线通信设备。外界的机器以无线通信方式与基站相连，进而连接到无线通信网络。无线通信网络都是物理网络，遵循 TCP/IP 协议，与互联网相连。互联网本身就是大量遵循 TCP/IP 协议的物理网络互连而成，因此，无线接入网络也是互联网的一部分。这样，外界机器就通过基站与互联网连接起来，进而可以通过互联网与网内的任何计算机相连，也可以与其他连接了互联网的外界机器相连。

可以看到，在互联网的基础上，通过加入接入网络、拓展互联网，进而接入各种机器，形成物与物互连，物联网就形成了。

虽然物联网是在互联网发展到一定程度后兴起的，并随着互联网的发展而进一步发展，但是从定义上来说，任何能够把机器互连的网络都是物联网。我们后面要学习的 LoRa 网络就是一种专门连接机器而开发的网络，当然就是物联网。

从物联网的发展历程来看，物联网技术并不是一开始就有明确的发展目标。随着互联网技术的成熟与普及，各行各业借助互联网发展自己的技术。"两化融合"是物联网技术发展推动力之一。两化融合是指信息化与工业化融合：首先信息技术用于传统产业改造、升级，反过来对信息技术提出更高要求；两者的融合，催生了物联网技术的发展。具体的案例有：ETC 不停车电子收费系统；移动 POS 机的大量使用；智慧停车场；酒店自动开关门系统；商场商品扫码记录与自动计费系统等等。近距离的物物相连可以通过小的局部网络实现，远距离的机器与机器相连，自然就借助于已经遍布各地的互联网了。当各行各业的相关技术发展到一定水平，经过理论总结提升，物联网概念、技术就出现了。

物联网技术是融合、汇集多个行业、多种技术而发展起来的。物联网技术可以细分为传感、识别技术，通信技术，数据处理技术，智能与中间件技术。其中，物联网通信技术又分为感知层通信技术和网络层通信技术两种。感知层通信技术包括工业控制网络技术和短距离无线通信技术，网络层通信技术包括接入网技术、传送网技术、公众通信网技术、各种无线通信技术。

物联网通信技术涉及的范围，都是 M2M 关注的内容。我们了解 M2M，目的就是借助物联网已经成熟的通信技术建立传感器网络，因此有必要了解 M2M 中有助于传感器网络建设的部分技术。

6.1.2　M2M 含义及作用

M2M 最初的意思是 Machine to Machine，即使用通信技术实现机器对机器的连接。随着需求的增加，M2M 逐渐扩展为人对机器(Man to Machine)、机器对人(Machine to Man)、移动网络对机器(Mobile to Machine)。综合起来，M2M 是让机器、人之间连接起来，实现机器信息的共享，并通过应用处理过程实现人对远程机器或者是机器对机器的信息采集与控制。

M2M 是物联网的四大关键领域(RFID(射频识别)、无线传感器网络、M2M、信息化自动化融合)之一，是实现物联网网络连接的技术。物联网是一种"万物互连"的网络，把各种事物(包括机器、人)连接起来。物联网并不是新建的另一个互联网，而是基于互联网做了把机器也连接起来的一点点延伸。M2M 就是把机器连入互联网的关键，是构成物联网的基础。

机器连机器，连接方式可以是有线连接，也可以是无线连接。随着通信技术的发展，通信手段越来越多，为 M2M 提供了更多的选择。

最早的机器连接是有线连接，是用现场总线(Fieldbus)将工作现场的若干台机器连接起来，形成类似于总线型以太网的一个局域网，但这个局域网中的工作站点是机器，不是计算机。所有连接起来的机器受到一台同样连接在工业控制总线上的计算机控制，所有机器向计算机传输自己的状态数据，计算机经过数据处理后，向机器发出执行指令，指挥机器完成各自的任务。有线连接方式在工业应用场合受到很多限制，无线连接方式势在必行。

无线连接是以空间为传输媒介，以无线通信方式进行数据传输或信息传递。以空间为传输媒介的无线通信方式有多种，常见的有红外线通信、激光通信、超声波通信、无线电通信，覆盖了能够使用空间媒介的一切声、光、电。使用最多的还是无线电通信，也是传感器网络无线通信的唯一方式。

M2M 充分借鉴、应用了各种无线通信技术。针对传感器网络，我们把注意力放在无线电通信上。首先了解基于无线电通信的各种无线网络的发展状况。

1. 无线网络的发展

1)无线个人区域网

无线个人区域网(Wireless Personal Area Network，WPAN)又称自组网络(Ad Hoc Network)，自组网络是没有固定基础设施(即没有基站 AP)的无线网络，是由一些处于平等状态的移动站之间相互通信组成的临时网络(如图 6-1 所示)。它实际上是一种低功率、小范围、低速率和低价格的电缆替代技术。WPAN 都工作在免费的、无须注册批准的 2.4GHz 的 ISM 频段，是以个人为中心来使用的无线个人区域网。蓝牙系统和 ZigBee 网是两种最常见的 WPAN。

蓝牙系统是最早使用的 WPAN，是在 1994 年由爱立信公司推出的，其标准是 IEEE 802.15.1。蓝牙的数据率为 720kb/s，通信范围在 10m 左右。蓝牙使用 TDM 方式和扩频跳频 FHSS 技术组成不用基站的皮可网(Piconet)。Piconet 直译就是"微微网"，表示这种无线网络的覆盖面积非常小，每一个皮可网有一个主设备(Master)和最多 7 个工作的从设备(Slave)。目前，蓝牙系统应用于近距离的两个蓝牙设备之间的数据传输，如蓝牙耳机、蓝牙音箱、手机数据互传等。

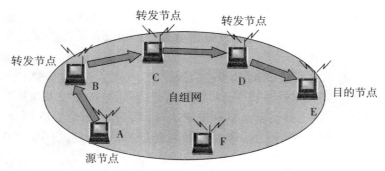

图 6-1　自组网络

低速 WPAN 主要用于工业监控组网、办公自动化与控制等领域，其速率是 2~250kb/s。低速 WPAN 的标准是 IEEE 802.15.4。ZigBee 是最成熟、最成功的低速 WPAN，参与厂商多，有成套成熟的支持套件和开发方法。ZigBee 技术主要用于各种电子设备(固定的、便携的或移动的)之间的无线通信，其主要特点是通信距离短(10~80m)，传输数据速率低，并且成本低廉。ZigBee 网络成为无线传感器网络开发的首选。因为没有基站，网络需要一个网关才能与外界联系。通过我们前面的学习已经知道，ZigBee 网络是以汇聚节点作为网关与外界建立联系。

2) 无线局域网

无线局域网(Wireless Local Area Networks，WLAN)是为计算机等智能设备接入互联网而开发的一种无线网络。WLAN 遵守 IEEE 802.11 标准，是一个无线以太网，采用星型拓扑结构，中心设备是基站。每个基站具有一个 32 字节的服务集标识符，基站的功能是连接移动设备，因此又称为接入点 AP。WLAN 为智能设备提供的是 WiFi(无线高保真度)接入服务。

无线局域网的组成如图 6-2 所示。基本组成单元是基本服务集 BSS，是由一个基站和与该基站连接的所有移动站组成。若干个基本服务集通过分配系统 DS(通常是有线连接方式)连接成一个整体，构成一个扩展服务集 ESS。一个 ESS 相当于一个局域网，它通过 Portal(门户)与其他局域网相连，构成扩展局域网，然后通过路由器与互联网相连。Portal 功能相当于网桥，但与网桥不同。网桥一般连接同类型网络(如都是 802.3 标准的以太网)，Portal 主要将无线以太网(802.11 标准)与以太网(802.3 标准)相连，进而通过以太网与互联网相连。与以太网中的工作站不同，无线局域网中的移动站能够移动，无线连接只存在于移动站和基站之间，不同基站之间必须实现自动切换功能。无线局域网的 MAC 层使用 CSMA/CA 协议，这是冲突避免协议，与以太网的 CSMA/CD 冲突碰撞检测协议不同。

在无线局域网发明之前，人们要想通过网络进行联络和通信，必须先用物理线缆-铜绞线或光纤组建一个有线连接的数据传输通路。当网络发展到一定规模后，这种有线网络无论组建、拆装还是在原有基础上进行重新布局和改建，都非常困难，成本和代价也非常高。无线局域网是相当便利的数据传输系统，它利用射频(Radio Frequency，RF)技术，

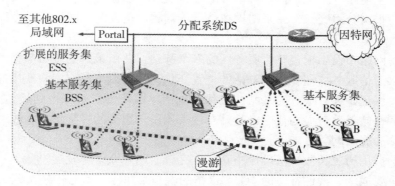

图 6-2 无线局域网组成

使用电磁波，取代有线局域网络，在空中进行通信连接，利用简单的存取架构让用户透过它，达到"信息随身化、便利走天下"的理想境界。

3）无线城域网

无线城域网（Wireless Metropolitan Area Network，WMAN）是一种更高层次的接入网络，它的接入对象不是具体设备，而是各种独立的物理网络。它将一个城市区域内的局域网、无线局域网、电信网、校园网等接入因特网。WMAN 提供"最后一英里"的宽带无线接入，如图 6-3 所示，部分替代 FDDI 网，可用来代替现有的有线宽带接入，因此它有时又称为无线本地环路。WMAN 是以 IEEE 802.16 协议标准建立的无线网络，以 802.16 协议标准方式进行基站之间的无线通信互连，将网络和互联网连接，诸如电信网之类的专业网络也可以通过无线城域网基站与其他计算机网络连接。

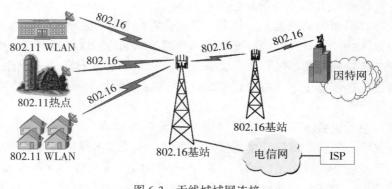

图 6-3 无线城域网连接

微波存取全球互通（Worldwide Interoperability for Microwave Access，WiMAX）常用来表示无线城域网 WMAN，这与 WiFi 常用来表示无线局域网 WLAN 相似。IEEE 的 802.16 工作组是无线城域网标准的制定者，而 WiMAX 论坛则是 802.16 技术的推动者。

4）移动设备网络

移动设备网络是电信网络，是移动电话的接入网络，是为语音通信服务的。随着模拟电路升级为数字电路，原本模拟语音信号的传输变成了数据传输，加上原网络中使用的电路交换升级为报文分组交换，原来的模拟信号传输的电信网络华丽转身为数据传输的计算机网络。

移动设备网络布设了覆盖整个服务区的多个基站，并由最近的基站与移动电话进行无线连接，提供通信服务。随着移动电话的位置变化，网络以不影响用户使用的方式自动切换连接基站，保证始终以最近的基站连接移动电话，以使用户始终得到最佳的通信效果。为了用最少的基站覆盖最大的范围，基站布设采用正六边形的蜂窝形状，故移动设备网络更经常地被称为蜂窝网。

蜂窝网的应用历史长久，基础设施众多、完善，用户众多，发展迅猛，已经成为世界技术争夺的重要战场。我们常说的 4G、5G 指的就是第四代、第五代蜂窝网，手机使用的就是蜂窝网。

在以上四类无线网络中，无线个人区域网（WPAN）没有基站，依靠网络内部的机器彼此进行直接无线通信，建立机器之间的联系或者说是网络链路。无线局域网（WLAN）、无线城域网（WMAN）、蜂窝网都是有基站的，移动设备或通信机器都是先与基站进行无线通信连接，再通过无线网络转接而与另外的机器相连。不同物理接入网之间也可以通过彼此的基站进行无线通信，从而将不同的物理网络连接起来。

2. M2M 连接方法

物联网领域的四大关键领域 RFID、无线传感器网络、M2M、信息化自动化融合中的各项具体技术都是在各自的领域发展成长成熟的，物联网学科引入这些技术为学科发展所用；反过来，物联网为这些技术找到了巨大的应用场所，因而为这些技术的发展注入了新的动力。作为一种后发优势，物联网领域的 M2M 技术引入了大量通信技术的发展成果。

物联网是将机器与机器互连的网络。物联网的基础是互联网，地理覆盖范围极其广泛，因此可以将相隔遥远的机器互连起来。首先要将机器连入互联网，连入方法可以是有线的，也可以是无线的。有线连接很简单，只要通过标准的接口连接电缆即可。

物联网需要连接的机器不仅有固定设备，更有大量的移动设备。无线连接对于组网、对于移动设备的连接都有很大的好处，M2M 连接方法主要针对移动设备，采用无线连接方法。

互联网本身就是由各种不同的物理网络，遵照 TCP/IP 协议互连起来的。互联网中的无线接入物理网络专门负责将移动设备接入互联网。无线接入网络带有基站，基站以无线通信方式，按照专门的无线通信协议，将遵守同样通信协议的移动设备连接起来，这样，具有无线通信能力、遵守特定通信协议并且事先注册过的移动设备，就通过无线接入网的基站连入互联网，进而可以通过互联网与另一台机器相连。

常见的无线接入网络有 WLAN、WMAN 和蜂窝网等，它们都有各自的基站。基站其实就是放置在合适地方的无线通信设备，我们在办公室楼栋内常见的 WiFi 就可以看作WLAN 的一个简化、前出的基站（因为过于简单，WiFi 更多地称为接入点）。很容易看到街上如图 6-4 所示的 5G 网络（一种最新的蜂窝网）基站塔，它是放置了多种不同网络公司、多种应用需求设置的基站，每一个铁盒子都是一个基站，实际上是一个通信设备。移动设备可以同时通过多种网络、采用多种方式建立连接。例如，我们的手机既可以通过数据流量(蜂窝网)连接，又可以通过 WiFi(WLAN)连接，即使数据流量和 WiFi 连接都关闭，依然能够打电话，进行语音数据传输。

图 6-4 常见的蜂窝网基站塔

M2M 技术的核心内容就是通过基站以无线通信方式将移动设备或任何无线上网的机器与互联网连接起来，并通过互联网，与其他任何连接互联网的机器相连。相连的两台机器就可以沿着连接路线进行数据交换。

借助于 M2M，可以建立传感器网络，无线传感器网络理论上就是一种 M2M 技术实现。因为传感器网络中的传感器节点、汇聚节点、任务管理节点都是机器，传感器网络最根本的任务就是将传感器节点与任务管理节点连接起来。通过传感器网络，传感器节点将采集的环境原始数据或经过处理的环境数据交付给任务管理节点；而任务管理节点通过传感器网络将指令发送给每个传感器节点。传感器网络内部使用的无线通信技术就是 WPAN 技术，但由于 WPAN 是没有基站的，传感器节点及其有限的传输距离使得大量的传感器节点束缚在极其有限的区域内。

基于 M2M 就是同样可以将作为机器的传感器节点与任务管理节点连接起来。这样，M2M 可以代替传感器网络，实现传感器节点与任务管理节点之间的数据交换。还由于无线接入网发展更早，现成的基站多，无线通信距离(一般要求 1km 以上)远大于传感器网络内部使用的 WPAN 无线通信距离(100m 或更短)。想象一下，一个传感器网络中的所有传感器节点直接通过基站与任务管理节点相连，就形成一个以基站为中心的星型网络；传感器节点之间不再有连接的必要，数据传输不需要多跳，路径选择没有必要，数据融合不再需要，传感器节点省略了多种协议的编程实现和烧写，只需要关注数据采集与数据传输，把采集的原始数据直接交付任务管理节点，由处理能力远胜于传感器节点的计算机进行数据处理。

这些优势早就被人们关注，事实上，无线接入网络技术一成型，人们就研究将其应用于传感器网络，并已经取得了大量成果。为了叙述方便，以使用 M2M 技术建立的传感器为例，将其称为"基于 M2M 的传感器网络"。

基于 M2M 的传感器网络如图 6-5 所示。终端节点通过无线通信与基站相连，基站和应用服务器通过计算机网络连接起来。基站是移动设备入网的接口，又称为网关。

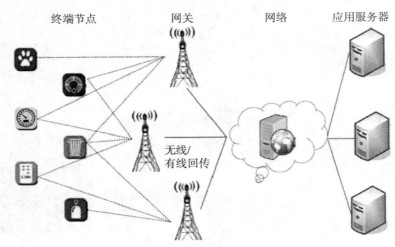

图 6-5　M2M 传感器网络组成

终端节点是通过数据传输单元(Data Translation Unit，DTU)无线接入网络的。数据传输单元 DTU 是一种小型化、标准化的通信部件，可以与执行同样无线通信协议的其他 DTU 或基站进行无线通信。DTU 可以是一个独立的设备，也可以和各种类型的终端节点、机器集成在一起。独立设备的 DTU 通过标准接口与机器相连，为所连接机器与其他机器之间提供无线连接服务。机器之间的无线连接需要机器上具有无线信号收发装置，数据在收、发数据的机器之间以无线通信方式进行传输。独立的 DTU 与不同机器的组合，可以为这些机器添加无线通信功能，与其他机器连接起来。图 6-5 中的终端节点就是各种传感器、执行器与 DTU 组合以后形成的具有无线通信功能的节点。

按照图 6-5 所示，终端节点通过无线接入直接与数据处理计算机建立数据交换关系，相当于建立了一个以数据处理计算机为中心设备的星型网络结构。其实，相距不远的多个终端节点也可以将各自的数据交给一个汇聚节点，由该汇聚节点作为中转站与数据处理计算机进行数据交换，这与前面的基于自组织技术的无线传感器网络是类似的。

独立的 DTU 的接入与常用的手机类似，也需要嵌入手机 SIM 卡，像手机一样按照用户账户缴费。实际上，DTU 作为智能移动设备连接互联网的接入设备是伴随着蜂窝网的发展而发展起来的。蜂窝网是提供无线接入服务的计算机网络，在其广阔的覆盖面中分布了很多基站。DTU 的无线通信距离足以达到一个基站，可以直接连接蜂窝网基站，通过蜂窝网与其他连接基站的 DTU 相连。蜂窝网又与互联网相连，不同蜂窝网之间通过互联网连在一起，因此通过蜂窝网的接入，相互连接的机器之间距离不再成为问题。

　　蜂窝网毕竟是为手机、笔记本电脑等移动智能设备接入网络而开发的，追求的是大数据量传输的宽带、高速。物联网所连接的机器产生的数据量相对而言很小，窄带和低速就够用了，追求的是通信费用低廉、接入机器数量足够多。为了满足物联网的特殊要求，人们开发了低速低功耗无线接入网络。目前，较为成功、使用者较多的网络有 LoRa 网络和 NB-IOT 网络。

　　M2M 技术是为物联网连接而发展起来的技术。鉴于传感器网络与物联网高度的相似性，有必要了解和掌握 M2M 相关知识。

6.2　蜂窝网简介

6.2.1　什么是蜂窝网

　　蜂窝网是一种无线局域网，为移动设备提供接入网络服务。无线接入设备为基站，无线通信终端设备(或称移动设备)与一个基站联通，进而与电信网连接起来。只有移动设备和基站之间的通信是无线通信，基站以后的网络都是(或者说可以看成是)有线网络。之所以叫蜂窝网，是因为蜂窝的形状(正六边形)能以最少的材料建立最大空间的蜂房；反过来，以正六边形的形状布置基站，可以达到以最少的基站覆盖最大面积的效果。终端设备总是与最近的基站相连，由于终端设备是可以移动的，必须解决设备移动状态下的有效连接。且由于设备是移动的，原本最近的基站不再最近，蜂窝网要以最近的基站自动重新连接移动设备，这叫基站切换。在基站的切换过程中，要保证移动设备与通信网络的连接质量，保证通信不受影响，甚至用户都没有察觉。因而蜂窝网技术(移动无线通信)比有线电信网更复杂。

　　蜂窝网原本是为无线语音通信(移动电话)服务而发展起来的电信网络。随着技术的发展，语音传输的电信网络演变成数据传输的计算机网络，笔记本和台式计算机等智能设备也都可以用蜂窝网以无线方式接入互联网。无论是语音传输的移动电话，还是数据传输的智能设备，无线通信都只存在于终端设备与基站这一段，基站以后的互联网连接都可用更简单、更可靠的有线连接解决。

6.2.2　蜂窝网的发展历史

　　蜂窝网的发展已经经历了五代，目前我们已经进入第五代，即 5G 时代。

　　第一代蜂窝网是模拟蜂窝网，属于一种电信网。电信网连接的是电话机，在网络中传输的是模拟语音电信号，使用程控交换机，采用电路交换方式，为两个电话座机之间的语音电信号传输提供连接服务。最初的电信网连接固定电话座机，是有线连接，只能在固定的地方接电话。为了方便用户，出现了用无线通信方式来连接的、称之为大哥大的移动电话。和固定电话座机相比，移动电话机不再局限于一地，用户可以漫游走动，方便了用户的电话通信服务。移动电话机是和电信网内设置的基站进行无线连接，进而连接进入电信网，无线通信只存在于移动电话设备和基站这一段。无线通信在功率受限的情况下，通信距离有限，移动电话总是寻找并与最近的基站连接，加上移动电话机是可以移动的，蜂窝网必须提供基站自动切换功能。自动切换是无线连接出现以后开发的新技术。

第二代蜂窝网是数字蜂窝网。数字蜂窝网首先将模拟语音信号数字化,传输的是数字化后的数字信号。因为数字信号是由语音电信号数字化而来,传输的是改头换面的语音信号,还是属于电信网。数字信号比模拟信号具有优越性(抗干扰,设备集成化,数字信号能够进行压缩、加密等多种处理),随着数字技术的发展,传统的电子应用模拟系统升级为数字系统是常见的,如高清数字电视、高保真语音通信等系统。随着传统电信网的数字化改造,作为其延伸的蜂窝网也升级为数字蜂窝网。典型代表是 GSM(Global System for Mobile Communication,全球移动通信系统)。GSM 仍然是电信网,采用的还是电路交换方式,服务对象是 GSM 手机,与第一代蜂窝网的最显著区别在于其传输的是携带语言信息的数字信号。

第二代半蜂窝网已经变身为计算机网络。GPRS(General Packet Radio Service)是通用分组无线服务技术的简称、缩写。GPRS 对 GSM 基站系统进行部分改造,利用 GSM 网络中未使用的 TDMA 信道来实现分组交换,提供中速的数据传输。GPRS 和 GSM 共处一个物理网络,分别使用不同的信道(同一物理信道的不同频段)。GPRS 突破了 GSM 网只能提供电路交换的方式,实现了分组交换方式,传输的数据单元是数据包,成功地将 GSM 网络由一个语音电信网络升级为一个计算机网络。GPRS 经常被描述成"2.5G",意指这项技术位于第二代(2G)和第三代(3G)移动通信技术之间。

GPRS 网服务对象是 2G 手机(例如:小灵通,是使用与固定座机电话相同的 8 位电话号码的智能移动手机)、笔记本电脑等移动智能设备。基于 GPRS 网的手机,语音信号运用分组交换数据传输方式,手机实际上成为一个微型计算机,计算机成熟的技术被大规模地应用于手机制造以及软件开发上。原来的互联网都是有线连接模式,GPRS 网为计算机网络提供了独特的无线接入技术,基于 GPRS 网的无线设备计算机网络应用技术开始涌现。以 GPRS 为技术支撑,实现短信、电子邮件、电子商务、移动办公、网上聊天、基于 WAP 的信息浏览、互动游戏、Flash 画面、多和弦铃声、PDA 终端接入、综合定位技术等。从 GPRS 开始,人们就尝试利用蜂窝网将不同的智能设备连接起来,相互控制,形成远程操作,这就是 M2M(物联网中机器对机器的连接技术)的开始。但 GPRS 网速有限,限制了应用。

第三代蜂窝网,3G 网是计算机网络。3G 网技术的典型代表是 CDMA 通信标准,CDMA 是码分多址的英文缩写(Code Division Multiple Access),它是在数字技术的分支——扩频通信技术上发展起来的一种崭新而成熟的无线通信技术。CDMA 技术的原理是基于扩频技术,即将需传送的具有一定信号的带宽信息数据,用一个带宽远大于信号带宽的高速伪随机码进行调制,使原数据信号的带宽被扩展,再经载波调制并发送出去。2G 与 3G,在技术上差异很大;在直观上,3G 手机速度更快。

第四代蜂窝网 4G 网的典型代表是 LTE 网络。该技术包括 TD-LTE 和 FDD-LTE 两种制式。4G 是集 3G 与 WLAN 于一体,并能够快速传输数据、高质量音频、视频和图像等。4G 能够以 100Mbps 以上的速度下载,比 ADSL(4M)快 25 倍,并能够满足几乎所有用户对于无线服务的要求。

速度更快的 5G 网络逐渐普及。目前,5G 网络的基站数量还不足,在 5G 基站还不能覆盖的地方，5G 设备依旧使用 4G 基站，限制了大规模的使用。

在 3G 网络出现以前，三网合一技术就已经实现。所谓三网合一，并不是将三种网络合成一个网络，而是在计算机网络上，以计算机网络的数据传输功能实现电话网络的语音传输功能和有线电视网络的视频传输功能，因而只需要建立计算机网络。三网合一实现以后，所建立的蜂窝网络都是计算机网络，更进一步讲，是采用 TCP/IP 协议的计算机物理网络，成为互联网的一个组成部分。

6.3 数据传输单元

6.3.1 数据传输单元简介

DTU（Data Transfer Unit），是专门用于将串口数据转换为 IP 数据或将 IP 数据转换为串口数据，通过无线通信网络进行传送的无线终端设备。一个 DTU 能够与任意另一个 DTU 组成一组无线通信对，以无线通信方式建立连接，在两者之间进行数据传输，前提是这两个 DTU 都执行同样的通信协议，设置了相同的通信参数。

机器对机器的互连是工业与自动化技术发展到一定程度的必然要求。DTU 是实现无线接入的专门设备，是为智能机器间的数据通信提供数据传输服务的。DTU 在工业信息自动化领域，在物联网领域，在传感器网络领域，都得到广泛应用，同时也促进了这些领域的发展。随着互联网的普及以及无线接入技术、大数据分析、人工智能、机器学习等专项技术的发展，计算机智能化水平越来越高，管理能力越来越强，机器连机器的应用领域更加广泛，DTU 发挥的作用随之水涨船高。

DTU 产品外壳采用金属外壳，防辐射，抗干扰；外壳和系统安全隔离，使用防雷设计，符合电力安规要求。这些规定特别适合于环境恶劣的工业控制领域。DTU 产品尺寸都不大，例如，某款 DTU 产品外形尺寸为 92mm×62mm×22mm（不包括天线及固定件），产品包装尺寸为 298mm×226mm×60mm，重量为 0.41kg。DTU 产品一般都在边缘处带有固定件，方便用户将 DTU 固定在墙壁上。图 6-6 所示为几款 DTU 产品以及内芯图片。

图 6-6　几款 DTU 产品以及内芯

DTU 硬件组成部分主要包括 CPU 控制模块、无线通信模块以及电源模块，内嵌操作系统，无线安全传输加密软件等必要的软件，与传感器网络节点很类似。其实 DTU 与传感器节点所起的作用完全一致，都是通过无线通信将不同的机器连接起来。与传感器网络节点使用电池作为电源不同的是，DTU 一般由直流电源适配器直接供电。DTU 产品一般采用宽电压设计，DC5V 到 DC32V 电源都可以直接给设备供电，同时内置电源反向保护和过压过流保护，其标配电源为 DC9V/1.5mA。DTU 使用直流电源适配器，意味着 DTU 附加有交流电源插座，也意味着 DTU 所处的环境要好于传感器网络节点。

6.3.2　数据传输单元在 M2M 中的应用

机器对机器的网络互连设备是 DTU，DTU 的主要功能是把远端设备的数据通过无线的方式传送回后台中心。要完成数据的传输需要建立一套完整的数据传输系统，这个系统中包括：DTU、客户远端智能设备、移动网络、后台中心。

客户远端智能设备包括各种监测环境、获取环境参数的终端设备。监测各种环境参数的单个传感器、工业生产现场和城市街道中的各种监测设备都能提供环境状态和现场活动信息，都是智能终端设备。后台中心可以是一台处理能力强大的计算机，也可以是对互联网提供专项数据服务的网站，还可以是暂时存储数据的网络云存储设备。环境数据传输到了后台中心，就能够为各种数据应用方提供需要的数据了。

传感器节点存在通信距离太短的缺陷，不得不采用多跳技术，以多段短距离的通信组合成一段长传输距离，但带来了节点数据融合的问题，带来了节点路由建立问题以及管理和保存问题。总之，节点间无线通信距离太短带来了一系列问题需要解决。

在蜂窝网发展到 2.5G 的 GPRS 网络阶段，人们开始了 M2M 技术的研究；随着 M2M 技术的成熟，人们尝试用 M2M 技术构建传感器网络。从 GPRS 网络阶段起，DTU 已经广泛应用于电力、环保、LED 信息发布、物流、水文、气象等行业领域。尽管应用的行业不同，但应用的原理是相同的。大多是 DTU 和行业设备相连，然后和后台中心建立无线的通信连接。在互联网日益发展的今天，DTU 的使用也越来越广泛，它为各行业以及各行业之间的信息、产业融合提供了帮助。

M2M 网络与传感器网络十分相似。前面已经说过，机器连机器，其中有一台是指挥机器，用来控制和引导其他机器工作。M2M 的指挥机器相当于传感器网络中的管理节点，M2M 的工作机器相当于传感器网络中的传感器，M2M 的 DTU 相当于传感器网络中的传感器节点和网关节点，用来实现节点间的无线传输功能。传感器网络节点之间的无线传输距离十分有限，例如 ZigBee 网络节点最远传输距离为 80m，极大地限制了传感器网络的应用。DTU 传输距离更远，又能与蜂窝网基站连接，从而借助于蜂窝网进行数据传输，很容易打破传感器网络面临的限制。一般的 DTU 设备传输距离都超过 1km，由于当前蜂窝网基站遍布，1km 的传输距离使 DTU 很容易找到一个基站进行连接，进而与互联网连上，并通过互联网将工作机器与指挥机器连接起来。

6.3.3　数据传输单元的连接

在包括 DTU、客户远端智能设备、移动网络、后台中心的数据传输系统中，DTU 是连接桥梁。DTU 一端连着客户远端智能终端设备，另一端通过移动网络与后台中心连接起来。这样，终端设备采集的数据就可以通过 DTU 源源不断地输送给后台中心；当然，后台应用中心也可以根据数据处理结果，通过 DTU 向终端设备下达指令，指挥终端设备做出动作。

DTU 是蜂窝网中的一个无线移动设备，与移动网络的连接方式类似于手机。DTU 中需要嵌入 SIM 卡。SIM 卡是 Subscriber Identification Module 的简称，也称为用户身份识别卡、智能卡。SIM 卡用卡来标识一个客户，和设备分离，一张 SIM 卡可以插入任何一部手机中使用，所产生的通信费记录在该卡的客户账上。

DTU 内嵌了操作系统，管理 DTU 内部所有软硬件运行。DTU 内嵌了 TCP/IP 模块，能够通过移动网络和后台中心建立 Socket 连接关系。DTU 一开机就依据其内部事先存储的后台中心域名或套接字信息与之建立 Socket 连接，并持续保持连接、永久在线。DTU 还具有断续重接的能力，能够持续检测连接状态，并在连接意外中断后迅速恢复连接。DTU 按流量收费，由于一般环境监测数据量极小，能够保持低成本应用。

在前端，DTU 和终端设备通过串行接口相连。一般的 DTU 都配置了常见的 232、485 串口，可以在 110b~230400bps 范围内进行传输速率的选择，提供了多种数据校验方法，能够满足常见的串口连接和数据传输要求。

在建立连接后，终端设备和后台中心就可以通过 DTU 进行无线数据传输了，而且是双向的传输。本质上，DTU 和数据处理中心建立的是 Socket 连接。DTU 是 Socket 的客户端，数据处理中心是 Socket 的服务端。Socket 连接有 TCP 协议和 UDP 协议，DTU 和后台中心要使用相同的协议，这个一般都由配置软件进行配置。DTU 上电后首先注册到移动网络，然后发送建立 Socket 的请求包给移动网络，移动网络把这个请求发送到因特网。后台中心的服务端软件接收到请求后建立连接，并发送应答信息。DTU 发送的请求信息是因特网上的数据包，有一些原因会阻止中心收到连接请求包，这样就不能建立连接。最常见的是后台中心的电脑上有杀毒软件、防火墙等，它们把这些数据包给屏蔽了，必须事先做出必要设置，消除连接障碍。

6.3.4 DTU 工作过程

DTU 上电后，首先读出内部 Flash 中保存的工作参数(包括 GPRS 拨号参数，串口波特率，数据中心 IP 地址等)，这些参数都是事先已经配置好的。DTU 登录蜂窝网网络，然后进行 PPP 拨号。拨号成功后，DTU 将获得一个由移动网随机分配的内部 IP 地址(一般是 10. X. X. X)，也就是说，DTU 处于移动内网中，而且其内网 IP 地址通常是不固定的，随着每次拨号而变化。DTU 这时可以理解为一个移动内部局域网内的设备，通过移动网关来实现与外部 Internet 公网的通信。这与局域网内的电脑通过网关访问外部网络的方式相似。

DTU 主动发起与后台中心的通信连接，并保持通信连接一直存在。由于 DTU 处于移动内网中，而且 IP 地址不固定，因此只能由 DTU 主动连接后台数据中心，后台数据中心无法主动连接 DTU。这就要求数据中心具备固定的公网 IP 地址或固定的域名。数据中心的公网 IP 地址或固定的域名作为参数存储在 DTU 内部 Flash 中，以便 DTU 一旦上电拨号成功，就可以主动连接到数据中心。

　　DTU 通过数据中心的 IP 地址(也可以是中心域名，通过域名解析得出数据中心的 IP 地址)以及端口号等参数，向数据中心发起 TCP 或 UDP 通信请求。在得到数据中心的响应后，保持这个通信连接一直存在，如果通信连接中断，DTU 将立即重新与数据中心握手。

　　由于 TCP/UDP 通信连接已经建立，就可以随时进行数据双向通信了。此后，DTU 一旦接收到终端设备的串口数据，就立即把串口数据封装在一个 TCP/UDP 包里，发送给后台中心。反之，当 DTU 收到后台中心发来的 TCP/UDP 包时，从中取出数据内容，立即通过串口发送给用户设备。

6.4　低速低功耗无线接入网络

　　蜂窝网首先是作为移动电话机等语音通信设备的无线接入网络，后来又作为手机、iPad、笔记本电脑等移动互联网数字设备的无线接入网络。随着蜂窝网不断升级换代，带宽越来越高，网速越来越快，延迟时间越来越短，用户体验越来越好。但在物联网中，传感器采集的环境数据、表明机器状态的状态参数都是小量数据，以物联网为代表的 M2M 连接，大部分应用是以小数据量、低速传输为特点，要求同时接入的 DTU 数量大、功耗低、成本低，与蜂窝网主流发展方向明显不同。以蜂窝网为接入网络来建立物联网不能满足物联网业务要求，人们针对物联网特点，开发了适合的无线接入网络——低功耗广域网(Low Power Wide Area Network，LPWAN)。

　　LPWAN 从形式上来看，与一般蜂窝网差不多，都布置了基站与移动终端设备所连接的 DTU 进行无线通信连接。LPWAN 的实现方式可以是独立建设一些带宽较小、速度较慢、建设成本较低的专用无线网络，也可以是在现有蜂窝网频带资源中专门划分出一些频段供 LPWAN 使用，在蜂窝网上建立 LPWAN，与蜂窝网共享基站、天线等设备。

　　LPWAN 与一般蜂窝网最大的区别在于网络带宽。LPWAN 是窄带网，因而也是低速网。在同样功耗的前提下，信号能量集中在更窄的频段内，可以获得更高、更强的信号功率谱，因而具有信号强度高、传播距离远的特点。LPWAN 产生之前，似乎远距离和低功耗两者之间只能二选一，低功耗一般很难覆盖远距离，远距离传输一般功耗高。LPWAN 的系统窄带特点解决了这对矛盾。由于带宽窄，大数据量传输时显得网络速度慢。但在只有小数据量传播的物联网应用场合，这一缺点影响不大。当采用 LPWAN 技术之后，设计人员可做到传输距离和功耗两者都兼顾，最大限度地实现更远距离通信与更低功耗，可以节省额外的中继器成本。目前，LPWAN 较为典型的代表是 LoRa 网络和 NB-IoT 网络。

6.4.1　LoRa 网络

1. 什么是 LoRa 网络

　　LoRa 是 Long Range Radio(远距离无线电)的缩写。LoRa 是 LPWAN 通信技术中的一种，是美国 Semtech 公司采用和推广的一种基于扩频技术的超远距离低功耗局域网无线标准和无线传输方案。这一方案改变了以往关于传输距离与功耗的折中考虑方式，为用户提供了一种简单的能实现远距离、长电池寿命、大容量的无线网络系统。

2. LoRa 的传输距离

LoRa 的传输距离，在城镇环境下可达 2～5km，在农村郊区等开阔的环境下可达 15km。对比实验表明，LoRa 在同样的功耗下比传统的无线射频通信距离扩大 3～5 倍。LoRa 如此长度的有效传输距离，为建立无线网络提供了极大的方便。

3. LoRa 网络的电池寿命

无线网络的电池使用时间决定了网络的寿命，一般都希望越长越好。LoRa 网络终端设备一般都使用电池，其电池寿命甚至长达 10 年。之所以能够用这么长时间，是因为 LoRa 网络一般需要传输的数据量极小，传输时间极短，终端节点大部分时间都无所事事。LoRa 网络为终端设备设置工作和休眠状态，传输数据时处于工作状态，大部分时间不传输数据，进入极为省电的休眠状态。由于长时间处于休眠状态，总的平均耗电量极小，电池能用很长时间，延长了网络的使用寿命。

4. LoRa 网络的其他特点

LoRa 网络在全球免费免注册的 ISM 频段运行，包括 433MHz、868MHz、915MHz 等。终端设备不需要 SIM 卡，建设 LoRa 网络不用注册申报，应用 LoRa 网络不用交费。调制方式基于扩频技术，是线性调制扩频(CSS)的一个变种，具有前向纠错(FEC)能力。这是 Semtech 公司自有的专利技术。LoRa 网络遵守 IEEE 802.15.4g 标准；具有强大的连接能力，一个 LoRa 网关可以连接上千上万个 LoRa 节点；具有信息保密安全性，其网关节点的无线通信受到 AES128 加密算法的保护。

5. LoRa 联盟简介

任何技术，如果其后有联盟、协会等组织支持，意味着该技术应用成员多，技术有标准，技术有支撑，应用有保证，由此带来的生产厂商和应用用户在数量上都大幅度增长。LoRa 联盟(LoRa Alliance)是一个开放的、非营利性组织，联盟成员包括跨国电信运营商、设备制造商、系统集成商、传感器厂商、芯片厂商和创新创业企业等，思科(Cisco)、IBM、升特(Semtech)及微芯(Microchip)等全球著名企业都是 LoRa 的联盟成员，全球联盟成员总数超过 300 家。中国的中兴通讯 2016 年 1 月成为 LoRa 联盟董事会成员，与 LoRa 联盟成员一起共同推动 LoRa 技术在全球低功耗广域网络(LPWAN)的建设和产业链的发展。

6. 中国 LoRa 应用联盟

中国 LoRa 应用联盟(China LoRa Application Alliance，CLAA)是在 LoRa Alliance 支持下，由中兴通讯发起，国内各行业物联网应用创新主体广泛参与、合作共建的技术联盟，是一个跨行业、跨部门的全国性组织。该联盟由各行业物联网合作伙伴组成，旨在推动

LoRa 产业链在中国的应用和发展，建设多业务共享、低成本、广覆盖、可运营的 LoRa 物联网。

7. CLAA 联盟职能

1）按需部署的保障

（1）CLAA 联盟成员超过 90 家，涵盖了网络、芯片、模组、终端、应用等产业链各环节，各参与者在低功耗广域网络领域已积累不少经验。

（2）作为联盟发起者，中兴通讯深耕政企行业市场多年，对各行业需求的理解也非常深入。

（3）基于广泛的客户关系和行业经验，CLAA 联盟成员能够保障按需部署的实现。

2）统一基站、标准和接口，推动共享的接入网

（1）CLAA 提供标准化、系列化的无线物联网网关（IWG）、统一应用标准和接口规范，即装即用。

（2）所有联盟成员基于此类设备和规范部署的基站均为全国性 CLAA 网络的一部分。

（3）具有在全国范围内可共享的技术基础。

3）全国性云化核心网扩展了共享的范围

（1）CLAA 提供免费的全国性核心网，所有应用终端和传感器都可以通过 CLAA 基站接入该核心网。

（2）由于这个全国性云化核心网络的存在，让不同用户海量设备有了共享的管理平台支撑。

（3）所有终端均可在这个弹性云端接入后实现全网服务，把可共享的范围扩展到全国各行业中。

4）多层次合作模式让多方有利可图

CLAA 已推出面对独立运营商、大型战略合作伙伴、中小型客户和专业渠道商四类合作者的商业模式，基本涵盖了不同层次的业务范畴，为产业联盟建立起合作的游戏规则。

6.4.2　NB-IoT 网络

2015 年 9 月，全球通信业对共同形成一个低功耗、广域覆盖（LPWA）的物联网标准达成共识，NB-IoT 标准应运而生。随着 NB-IoT 完成测试，正式进入商用阶段，业界对于它的关注度和讨论也逐渐升温。

NB-IoT 聚焦于低功耗广覆盖（LPWA）物联网（IoT）市场，是一种可在全球范围内广泛应用的新兴技术。具有覆盖广、连接多、速率低、成本低、功耗低、架构优等特点。NB-IoT 使用 License 频段，可采取带内、保护带或独立载波等三种部署方式，与现有蜂窝网络共存。

1. NB-IoT 发展历史

对于物联网标准的发展，华为公司的推进最早。2014 年 5 月，华为提出了窄带技术 NB M2M；2015 年 5 月融合 NB OFDMA 形成了 NB-CIOT。相对于爱立信、诺基亚和英特尔

公司推动的 NB-LTE，华为更注重构建 NB-CIOT 的生态系统。高通、沃达丰、德国电信、中国移动、中国联通、Bell 等主流运营商、芯片商及设备系统产业链上下游均加入了 NB-CIOT 阵营。2015 年 7 月，NB-LTE 与 NB-CIOT 进一步融合形成 NB-IoT；NB-IoT 标准在 3GPP R13 出现，并于 2016 年 3 月冻结。

2. NB-IOT 的特点

（1）频谱窄：200kHz；

（2）终端发射窄带信号提升了信号的功率谱密度和信号的覆盖增益，并且提升了频谱利用效率；

（3）相同的数据包重复传输也可获得更好的覆盖增益；

（4）另外该技术降低了终端的激活比，降低了终端基带的复杂度；

（5）NB-IoT 具有四大能力：广覆盖，海量连接，更低功耗，更低芯片成本；

（6）NB-IoT 基于现有蜂窝网络的技术，可以通过升级现网来快速支持行业市场需求。

3. NB-IoT 的优势

1）强链接

（1）在同一基站的情况下，NB-IoT 可以比现有无线技术提供 50～100 倍的接入数。一个扇区能够支持 10 万个连接。

（2）支持低延时敏感度、超低的设备成本、低设备功耗和优化的网络架构。

举例来说，我们常用的 WiFi 路由器，受限于带宽，每个路由器仅开放 8～16 个接入口，能够无线接入最多 16 部移动设备。而一个家庭中往往有手机、笔记本、平板电脑等多种电子智能设备，未来要想实现全屋智能、上百种传感设备联网共同工作，接入数量的限制就成了一个棘手的难题。而 NB-IoT 海量连接能力足以轻松满足未来智慧家庭中大量设备联网需求。

2）高覆盖

NB-IoT 比 4G 网的典型代表 LTE 技术提升 20dB 增益，相当于提升了 100 倍覆盖区域能力。不仅可以满足农村这样的广覆盖需求，对于厂区、地下车库、井盖这类对深度覆盖有要求的应用同样适用。

3）低功耗

对于安置于高山荒野偏远地区中的各类传感监测设备，长达几年的电池使用寿命是最本质的需求。NB-IoT 聚焦小数据量、低速率应用，传输数据的工作状态时间极短，大部分时间是耗电极低的休眠状态，因此 NB-IoT 设备功耗可以做到非常小，设备续航时间可以从过去的几个月大幅提升到几年。

4）低成本

NB-IoT 无须重新建网，现有的射频和天线都可复用。由于 NB-IoT 网络带宽很低，在现有蜂窝网络上很容易找到空闲频带为 NB-IoT 网络设置通信信道。以中国移动为例，可以直接在 4G 网络上为 LTE 和 NB-IoT 同时进行部署。

低速率、低功耗、低带宽同样给 NB-IoT 芯片以及模块带来硬件设备低成本优势。低频电路在信号处理方法、流程、防护补救措施等方面都比高频电路简单，因而在电路复杂度方面低于高频电路，这带来了芯片设计、制造成本的降低。模块预期价格不超过 5美元。

4. NB-IoT 网络组成

（1）NB-IoT 终端：只要安装了相应的 SIM 卡，所有行业的物联网终端设备都可以连接、访问 NB-IoT 网络，通过 NB-IoT 与互联网连接；

（2）NB-IoT 基站：它主要是指已经由运营商部署的基站，它支持多种部署模式；

（3）NB-IoT 核心网：通过 NB-IoT 核心网，NB-IoT 基站可以连接到 NB-IoT 云；

（4）NB-IoT 云平台：NB-IoT 云平台可以处理各种服务，并将结果转发到垂直业务中心或 NB-IoT 终端；

（5）垂直的商务中心：它可以在自己的中心获得 NB-IoT 服务数据并控制 NB-IoT 终端。

6.4.3　NB-IoT 与 LoRa 的比较

LoRa 由美国 Semtech 公司首先提出，标准和方案由其主导。NB-IoT 在其发展过程中，中国的华为公司做出了很大贡献，中国的技术成分多。

LoRa 需要再建一个 LoRa 核心网，包括基站等基础设施，建设时间长，成本较高。NB-IoT 建立在 4G 网 LTE 之上，无须另建基础设施，建设相对容易。

LoRa 使用公共频道，用户不需要 SIM 卡，不用缴纳通信费用，但专业运营商无利可图，参与积极性不高，用户需要独立承担网络建设与维护费用，难以获得外部技术支持；NB-IoT 需要 SIM 卡，这就需要从网络运营商处缴纳费用，获得 SIM 卡和连接服务，工作时设备终端始终联网，按数据流量向运营商缴费。

LoRa 技术发展更早，技术成熟，应用者多，支持产品多；NB-IoT 技术发展晚一些，市场成熟产品稍少。两者都是组建物联网的重要技术，各有千秋。目前，相对于 NB-IoT，LoRa 是当前最成熟、稳定的窄带物联网通信技术，其自由组网的私有网络远优于运营商持续不断收费的 NB 网络，且 LoRa 一次组网终身不需缴费。但是应用 LoRa 进行物联网通信开发难度大、周期长、进入门槛高。新建的物联网应用更多地使用 NB-IoT 技术。例如，武汉市天然气有限公司为其覆盖武汉市全境的用户更换智能 NB 天然气表，每一个 NB 表都通过 NB-IoT 物联网与公司信息中心相连，可以为用户提供包括微信充值的多种智能化管理服务。该表每天与信息中心进行两次定时数据交互，也可以由用户按键触发一次实时数据交互，数据交换量极少。对用户而言，最大的好处就是免除了用户必须到市内固定站点，使用煤气卡圈存充值的麻烦。

◎ 本章习题

一、填空题

1. 物联网是一种（　　　　　　　　），连接的是机器。

2. 物联网是在互联网成为人类社会重要基础设施的情况下发展起来的，是互联网的

(   )。

3. M2M 最初的意思是(   )的连接。以后逐渐扩展为(   )、(   )、(   )的连接。

4. M2M 最常用的是使用(   )通信方式实现机器对机器的连接。

5. 最初的蜂窝网是一种电信网，连接的是(   )，传输的信息载体是(   )，信息交换方式采用(   )。后来经过多次升级，传输信息载体变为(   )，信息交换方式采用(   )，可以连接计算机。因此，蜂窝网转变为计算机网络。

6. DTU 是一种智能电子设备，内部固化了自己的操作系统、系统软件、应用软件，通过标准接口连接各种机器，其作用是通过(   )方式将所连机器接入计算机网络。

7. DTU 能够与采用(   )无线通信协议的基站和其他 DTU 进行无线通信，从而实现 DTU 所连接机器之间的信息交互。

8. 随着蜂窝网不断升级换代，带宽越来越(   )，网速越来越(   )。但在物联网中，大部分应用都是小数据量，要求同时接入的 DTU 数量大、功耗低、成本低，(   )、(   )即可。

9. 窄带信号的好处是，信号频率分量(   )，能量集中，信噪比高，同等电源供给下能够传输得更远，基站同等带宽情况下，能够同时接纳更多路信号。

10. 用于物联网的无线接入网可以自建，如(   )，也可以在现有蜂窝网上开辟专用频带形成，如(   )。

11. LoRa 网络是根据物联网实际需要自建的，使用(   )频道，免费，不需要向政府管理部门申报批准，但建网成本高。

12. NB-IoT 网络由网络服务商在现有无线接入网络上开辟专用频带形成，可以使用现有的基站和网络，不需要专门建立，但需要事先向网络服务商(   )、(   )，由网络服务商开通专门服务，才能使用。

二、判断题

1. 物联网也是一种计算机网络，但连接的是机器，这些机器能够彼此自动传输信息，并根据接收信息自动做一些事情。   (   )

2. 物联网连接的是物与物，互联网连接的是人与人。   (   )

3. 互联网构成了一个虚拟社会，物联网则把真实世界与虚拟社会连接起来。 (   )

4. 物联网连接真实社会依靠的是各种各样的传感器，只有传感器才能感知真实社会，并将真实社会的信息转化为数据信息，从而实现真实社会信息的共享。 (   )

5. 无线接入网络的作用是以无线连接的方式，将机器连接到计算机网络中。 (   )

6. 通信网传输语音信号，计算机网络传输数据。   (   )

7. 第一代蜂窝网传输的是模拟语音信号，第二代蜂窝网传输的是数字语音信号。
                                                                      (   )

8. 第一、二代蜂窝网采用的是电路交换方式，传输的是语音信号。从 2.5 代起，蜂窝网中有了分组交换方式，传输的是数据，蜂窝网就从电话网变成了计算机网络。
　　　　　　　　　　　　　　　　　　　　　　　　　　　　　　　　　　　（　　）

9. 很多物联网中所连接的机器传输的数据量很小，因而传输时间很短，只需要窄带、低速的计算机网络就可以满足要求。　　　　　　　　　　　　　　　　　　　（　　）

10. 窄带意味着计算机网络带宽小，计算机网络的最大数据传输率低，相应地，计算机网络的网速慢。不过，对传感器网络来说，一般都够用了。　　　　　　　　（　　）

11. 电信号总能量是电信号频谱中所有频率分量能量之和。窄带意味着计算机网络中电信号频谱范围小，频率分量少，在总能量一定的前提下，每个频率分量的平均能量更大，信噪比更高，能传得更远。　　　　　　　　　　　　　　　　（　　）

12. DTU 就是类似于手机的电子设备，同样需要内嵌 SIM 卡，但是只能进行无线收发，没有手机的电话、视频、游戏、电子支付等诸多功能。　　　　　　　　（　　）

13. DTU 带有标准接口，与传感器部件通过接口连接以后，就组成了一个传感器节点。
　　　　　　　　　　　　　　　　　　　　　　　　　　　　　　　　　　　（　　）

14. 一个商用 DTU 产品往往带有 LoRa、NB-IoT、WiFi、蓝牙等多种常用的无线电通信功能。　　　　　　　　　　　　　　　　　　　　　　　　　　　　　　　（　　）

15. 低速低功耗无线接入网络，其无线通信能够传输得更远，这是因为其带宽窄，频率分量少，每个频率分量的平均能量更大，信噪比更高。　　　　　　　　（　　）

16. LoRa 和 NB-IoT 都是低速、窄带无线接入网，在同等功率情况下，比那些高速宽带的无线接入网传输的距离更远，因而能够接入更远的机器设备，并且能够同时接入的设备数量很大。　　　　　　　　　　　　　　　　　　　　　　（　　）

17. LoRa 网络使用 ISM 公共频道，不需要缴费，不需要注册、获批就可以使用。但 LoRa 网络需要自己组网，自建基站，组网费用高、代价大。　　　　　（　　）

18. NB-IoT 使用公共蜂窝网，只需要在传输蜂窝网频段中由网络服务商开辟专用的频段，就可以利用蜂窝网的基站等基础设施组建物联网。但需要向网络服务商注册并缴纳使用费。　　　　　　　　　　　　　　　　　　　　　　　　（　　）

三、名词解释

M2M　蜂窝网　DTU　基站　LoRa　NB-IoT

四、问答题

1. M2M 的含义和作用是什么？

2. M2M 常规连接组网方法是什么？

3. 什么是蜂窝网？

4. 蜂窝网的发展经历了哪些阶段？

5. 什么是数据传输单元？如何使用数据传输单元进行传感器网络的组建？

6. LoRa 网和 NB-IoT 网各有什么特点？

7. 利用物联网技术进行传感器网络组网需要什么条件？

第7章 M2M传感器网络开发实践

7.1 概 述

目前，物联网的发展趋势是利用低速低功耗无线接入网络把必要的机器连成网络，传感器网络作为一种物联网也应该如此。这就需要首先建设一个 LoRa 网络，或通过网络服务经营公司在 4G 或 5G 网络上，分发特定频段建立 NB-IoT 网络。对于长期实际应用的传感器网络，建立一个专用或通用的无线接入网络，是没有问题的。但对短期的教学实验而言，存在成本上的障碍。在没有低速低功耗无线接入网络支持的前提下，也可以利用市场上广泛存在的具有无线通信功能的 DTU，建立机器之间的无线连接，组建一个小型的传感器网络，进行相关知识的学习与实践。我们的实践正是基于这种小型的传感器网络进行的。

我们的小型传感器网络拓扑结构如图 7-1 所示，由任务管理节点、网关和传感器节点或执行器节点组成。其中，传感器节点是由 DTU 与传感器部件有线连接而成，执行器节点是由 DTU 与执行器部件有线连接而成。

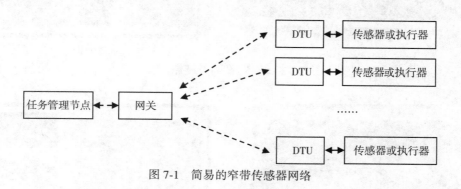

图 7-1 简易的窄带传感器网络

终端节点由传感器和 DTU 组成，其中传感器负责采集环境数据并由 DTU 将采集的数据传输到网关节点。还有一些终端节点具有执行功能，由 DTU 接收来自网关节点的执行指令，传输给执行器进行指定动作的执行。

任务管理节点是一台计算机，具有运行程序、数据处理能力，它和网关节点具有无线通信和有线通信能力。实验套件提供的任务管理节点是一个 Android 系统的 iPad 平板电脑，iPad 平板电脑与网关节点进行有线或无线连接。任务管理节点也可以是 PC 计算机，通过 WiFi 无线通信方式连接网关节点。传感器网络通过任务管理节点具备了连接互联网的潜力。

　　图 7-1 所示传感器网络是一个以网关节点为中心设备、以各个终端节点为工作站的星型网络。和图 6-5 所示的 M2M 传感器网络相比，图 7-1 所示的虚线箭头部分不是通过低速低功耗无线接入网连接，而是通过网关节点和终端节点之间的无线通信直接连接。

7.2　实训平台介绍

　　实训平台使用的是武汉某科技公司提供的用于教学和原理验证的传感器网络实验平台。

7.2.1　实验设备整体组成

　　整个实训平台(实训箱)分为两层，所有模块及相关配件均在箱体中。两层设备图片及对应设备名称分别如图 7-2、图 7-3 所示。

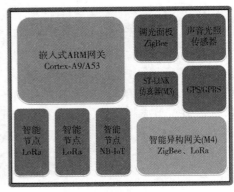

(a)设备图片　　　　　　　　　(b)对应的设备名称

图 7-2　第一层设备及设备名称

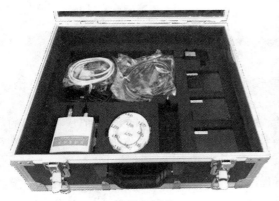
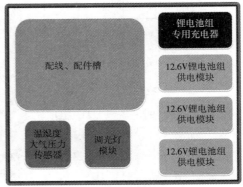

(a)设备图片　　　　　　　　　(b)对应的设备名称

图 7-3　第二层设备及设备名称

7.2.2 主要设备介绍

本实验套件提供了三种主要部件：嵌入式网关、智能异构网关和智能节点。

嵌入式 ARM 网关是一个安装了 Android 操作系统的 iPad 平板电脑，作为传感器网络管理控制节点。Android 系统的最大优势是很方便地进行无线连接，基于 Android 系统的软件开发一般基于 Java 语言。

智能异构网关作为传感器网络的网关(汇聚)节点，它是传感器网络的中心设备，以它为中心构成星型网络，其他智能节点与它直接无线连接。

智能节点有两个传感器节点、一个执行节点。智能节点由通信模块通过接口方式有线连接传感器或执行器组成。三种部件用无线方式连接，其中智能节点连接汇聚节点，汇聚节点连接管理控制节点。

嵌入式网关搭载了 WiFi 模块，可通过无线接入到无线路由器或无线 AP。嵌入式网关作为管理控制节点也可以用 PC 机取代，但 PC 机必须有无线网卡，能够以 WiFi 方式与智能异构网关相连。

智能异构网关用于转发上行和下行的无线数据，其中包括 ZigBee 协调器、LoRa 网关。WiFi 入网模块设置作为 AP，在智能异构网关启动以后，可以让嵌入式中控网关或 PC 机通过 WiFi 连接入智能异构网，互联通信。智能异构网关将无线传感器数据发送给管理控制节点，也可以转发管理控制节点发出的控制指令给智能节点。

无线智能节点用于直接连接传感器或执行器，采集传感器数据的同时也可以根据接收到的控制指令来执行控制动作。

实验系统传感器和执行器。传感器包括：大气压力温湿度传感器、光照声音检测传感器；执行器包括：触控调光灯。

定位 &GPRS 模块可以实现全球定位功能以及 GPRS 无线通信功能，其中定位支持 GPS 和北斗双模。定位 &GPRS 模块与嵌入式中控网关通过接口有线连接。

1. 嵌入式中控(ARM)网关

嵌入式中控网关(如图 7-4 所示)是装载 Android 系统的 iPad 平板电脑，是实验套件提供的网络管理控制节点，其上有各种应用程序。管理人员通过这些应用程序，既可以从传感器网络获取数据、存储数据，又可以向传感器网络下达指令，还可以通过互联网与数据处理中心连接传输数据。管理控制节点与传感器网络网关节点相连，接收由网关节点收集的传感器网络监测数据，也可以通过网关节点向传感器网络发指令。管理控制节点与网关节点的连接方式可以通过互联网相连，也可以通过串行口直接相连，还可以通过无线连接方式进行连接。如果采用无线连接方式，可以选择的具体方式有：WiFi、蓝牙、ZigBee、NB-IoT、LoRa 等。在本实验平台中，iPad 平板电脑与网关节点的连接方式已经固定为 WiFi 方式。

嵌入式中控网关核心板芯片：Cortex-A9 四核处理器 S5P4418，内存：DDR3-2GB，NAND Flash：16GB EMMC，LCD 液晶：10.1 寸 LCD。

图 7-4　嵌入式中控网关

嵌入式中控(ARM)网关底板为 1 个四层 PCB 板，集成了 USB、网口等各类嵌入式常用接口，LED 灯、温度传感器等基础传感控制单元，能够满足常规的应用需求。

本实验套件的嵌入式中控网关是一个 iPad 设备，即一个手持移动设备，在野外工作很方便，网络管理者可以手持它接近安置在野外的各个汇聚节点接收环境监测数据。它支持 Android 5.1/Linux+QT 操作系统，因而它的应用软件在 Android 平台上用 Java 开发。

如果更习惯在 PC 机 Windows 操作系统环境下使用 C 语言进行开发，我们也可以使用 PC 机作为管理控制节点。在本实验中，我们将分别使用嵌入式中控网关和 PC 机作为管理控制节点来收集环境监测数据、向传感器网络下达指令。

2. 智能异构无线网关

智能异构无线网关是传感器网络的网关节点，也叫汇聚节点。它一方面与管理控制节点相连，另一方面与传感器网络中的多个传感器节点相连，是两者之间的连接桥梁。智能异构无线网关嵌入了多种通信模块，可以提供多种形式的无线连接。图 7-5(a) 显示了该设备电路板，可以看到嵌入的多种集成块，(b)图标注了嵌入的主要模块名称。

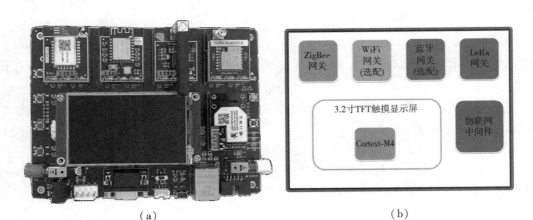

（a）　　　　　　　　　　　　　　　　　（b）

图 7-5　智能异构无线网关及其模块组成

该设备的核心处理器采用基于 ARM Cortex-M4 内核的 32 位微控制器 STM32F429ZGT6;

显示单元是 3.2 寸 TFT 触摸显示屏，分辨率为 320×240；无线单元预留 4 个通用无线模块接口，支持 ZigBee、WiFi、蓝牙、LoRa 无线模块，可汇聚多种异构网络；还保留了 232、433 等串行接口，能够实现与管理控制节点的串行口有线连接；它的物联网中间件模块板载 802.11b/g/n 的模组，实现 UART、WiFi、以太网间三者的互传功能；支持 AP、STA、AP+STA 配网。

设备能够使用触摸显示屏为节点设置、修改参数，设置参数立即生效。不同于我们在 ZigBee 网络实验中，节点参数的改变需要重新烧写节点，极大地方便了用户，体现了硬件的进步。

3. 智能无线节点

智能无线节点是传感器网络中传感器节点的通信部件，就是图 7-1 中的 DTU，与传感器部件共同组成传感器节点。智能无线节点可以连接多种类型的传感器部件，为不同的传感器部件准备不同的连接触点，如图 7-6 所示，上、下边上的两排螺丝钉就是连接触点。

图 7-6 智能无线节点

智能无线节点的核心处理器采用基于 ARM Cortex-M3 内核的 32 位微控制器 STM32F103ZET6；显示屏是 3.2 寸 TFT 触摸屏，分辨率为 320×240；对外提供多种接口，包括 485、CAN、ADC、SPI、PWM、GPIO、UART、IIC 等；通用双排防反插接口，支持 ZigBee、WiFi、LoRa 等无线模块的自由切换。

同样使用触摸屏可以设置、改变参数，参数立即生效，不需要烧制。

4. 智能触控调光灯模块及连接方法

调光灯模拟了传感器网络中的执行器节点，这与我们在 ZigBee 网络实验中采用的模拟执行器节点是一样的。执行节点接收管理控制节点发来的指令，按照指令做执行动作，这里是用灯光的亮度变化来模拟执行效果。调光灯是执行器，智能触控调光灯模块（图 7-7 中左边的方块硬件模块）是通信模块，也就是调光灯节点专用的 DTU，两者连在一起就构成了传感器网络中的一个执行节点。连接好的调光灯节点如图 7-7 所示。

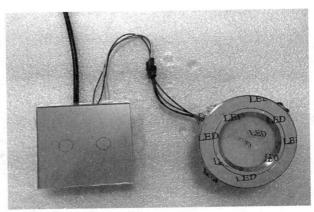

图 7-7　调光灯节点

智能触控调光灯模块作为 DTU 以无线通信方式与网关节点相连，接收网关节点发来的指令，按指令控制调光灯开、关、明、暗状态。该模块上还有两个按键，可以手工控制调光灯的开、关、明、暗状态，用于检验节点是否能够工作正常。

传感器网络中的执行节点通常是根据传感器节点所感知的环境状态做出相应的动作。例如智慧农业园中的湿度传感器将土壤湿度数据传输到管理控制节点，该节点上的软件根据该数据做出土壤干燥的判断，发出相应指令，智慧浇水执行节点进行浇水操作；随着干燥状态的改善，管理控制节点上的软件接到湿度传感器发来的新的实时数据，向浇水执行节点发出新的指令，停止浇水操作。传感器节点与执行节点形成一个闭环数据流，协作完成、实现传感器网络的设计功能。

在本实验中，调光灯节点和声控节点共同协作，模拟了这种效果。过程是：制造声响，声控节点感知并发出信息，管理控制节点收到信息后指挥调光灯开启；停止声响，声控节点感知新信息，通过管理控制节点向调光灯节点发出关闭调光灯的指令，调光灯熄灭。

5. 环境变送器 (温湿度+大气压力) 及连接方法

本实验套件中的环境变送器是传感器部件，是集温度、湿度、大气压力三种感知单元于一体的合成传感器部件，能够向用户同时提供环境温度、湿度、大气压力监测数据。它和智能无线节点连接在一起，构成一个传感器节点。智能无线节点通过无线连接方式与网关节点相连，通过网关节点将环境监测数据传输给管理控制节点。环境变送器与智能无线节点的连接关系如图 7-8 所示。

6. 声检光感传感器及连接方法

本实验套件中的声检光感传感器是传感器部件，是集声音感知与光强度感知于一体的合成传感器，能够向用户同时提供声音状态和环境光强度监测数据。这里要注意，声音感知只能感知有声音和无声音两种状态，不能提供反映声音强度高低的数值。声检光感传感器和智能无线节点连接在一起，构成一个传感器节点。它所感知的声光信息通过智能无线

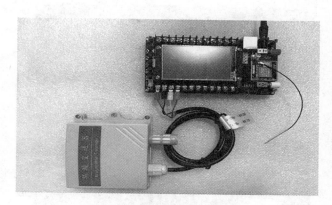

图 7-8　环境监测节点

节点、网关节点，到达管理控制节点。声检光感传感器与智能无线节点的连接关系如图 7-9 所示。与图 7-8 对比可知，不同传感器与智能无线节点的连接方法不同，也体现了智能无线节点作为通用 DTU 能够连接多种不同传感器。

图 7-9　声光监测节点

7. 定位 &GPRS 模块

定位模块用来获取以经纬度计的地理坐标。模块自动连接、接收多个过顶卫星信号，通过综合计算，得到本地经纬度。定位模块并不是传感器网络的组成部分，既不能用来采集环境参数，也不能执行任何指令，其作用仅仅是测量模块所在地经纬度，并传输给计算机。在这里介绍它，是为了从一个侧面来说明传感器种类的丰富。定位模块与嵌入式中控网关通过有线连接，可以测量定位模块所在点的地理坐标，由于嵌入式中控网关的可移动性，测量点坐标十分方便。使用时，要把定位天线放到室外无遮挡条件下。图 7-10 就是定位 &GPRS 模块。

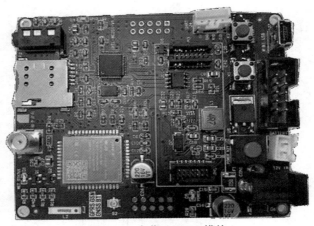

图 7-10　定位 &GPRS 模块

7.3　实验一：网络连接验证

用厂家提供的演示程序，验证网络是否正确建立。如果网络能够正常采集数据，就说明连接无误，部件正常。

7.3.1　实验逻辑图

实验逻辑图如图 7-11 所示，与图 7-1 描述的简易传感器网络组成方式一致，都是以网关节点为中心的星型网络结构。但是在图 7-11 中，将智能节点明确为 3 个，各模块采用了与本实验套件提供设备一致的名称。

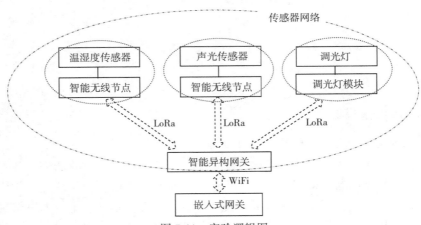

图 7-11　实验逻辑图

无线连接关系如下：

(1)三个智能无线节点(传感器节点)分别通过 LoRa 与智能异构网关(网关节点)无线

相连，构成星型无线网络。

（2）智能异构网关连接智能节点，智能节点将传感器获取的环境参数传输给智能异构无线网关。

（3）智能异构无线网关通过 WiFi 与嵌入式中控网关连接，交给接收程序进行显示。

7.3.2 节点连接与设置

三种节点连接方法，分别见图 7-7、图 7-8 和图 7-9。将各节点连接充电电源（注意充当电源时连接的是 Output 插口，充电电源使用前要用 Input 插口充分充电）后，将电源开关拨到 On，按无线节点上的红色按键启动节点。

异构无线网关与智能无线节点之间的无线连接方式有 ZigBee、WiFi、蓝牙、LoRa 等。在本实验中，我们选择 LoRa 方式。

1. 设置编号

由于在同一区域内，我们有多个实习小组同时使用相同类型的设备进行实验，为了避免不同小组的通信设备相互串连，每个小组采用不同的编号。每个小组的编号为 20+小组号。编号设置如图 7-12 所示。

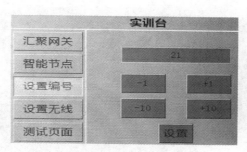

图 7-12　设置小组编号

2. 设置无线连接方式

如图 7-13 所示，选 LoRa，按屏幕上的"设置"按钮。

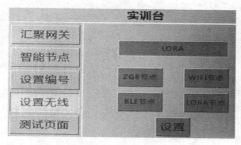

图 7-13　设置无线通信方式

3. 启动节点

如图 7-14 所示，选择"智能节点"，启动节点。可以看到，在显示屏右边第三个显示栏中，传感器采集数据已经到达节点。至此，一个节点设置完成。

图 7-14　启动智能节点

用同样的方法，设置声光节点。调控光灯模块只要连接电源即可。设置好的三个智能节点如图 7-15 所示。

图 7-15　三个设置好的智能节点

智能异构网关是传感器网络的网关节点，也需要设置。智能异构网关有着与智能节点相同的显示屏和显示界面，它的连接方式同样选用 LoRa，无线通道同样用(20+小组号)作为编号，不同的是第 3 项选择，这里选"汇聚网关"。

7.3.3 组网

所有节点设置、启动完成以后，将每个智能节点安置在事先设计好的位置。各个智能节点自动与智能异构网关连接起来，只要再完成智能异构网关与嵌入式中控网关的无线连接，一个星型结构的传感器网络组网就完成了。

嵌入式中控网关作为网络任务管理节点，接收从作为汇聚节点的异构无线网关收集的传感器网络数据。中控网关与异构无线网关的无线连接方式是 WiFi。异构无线网关内含通信部件使其成为一个 WiFi 的 AP（访问点），其 WiFi 的参数在硬件上已经注明，其标注内容如图 7-16 所示。

```
WiFi NAME:XC-012
WiFi PASSWORD:123454321
LORA CH:33
ZIGBEE PANID:2011
```

图 7-16　智能异构网关上的 WiFi 参数

通过设置嵌入式中控网关，使中控网关与智能异构网关通过 WiFi 连接起来。本实验使用的中控网关作为一个实习设备，已经在程序中内设了参数，我们要启动嵌入式中控网关中的程序，在程序中做出对应的选择，就完成了对嵌入式中控网关通信参数的设置。

启动中控网关，可以看到界面如图 7-17 所示。在该界面中点击"设置"，在出现的界面中点击"WLAN"，出现如图 7-18 所示界面。

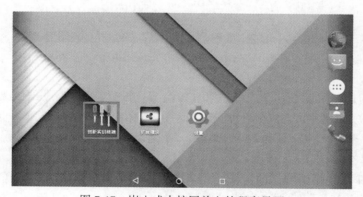

图 7-17　嵌入式中控网关上的程序界面

图 7-18 中，XC-012 是智能异构网关 WiFi 的访问连接点 AP。不同小组，其设备对应 WiFi 的 AP 名略有不同，都是"XC-xxx"形式，这里选择"XC-012"，然后点击"连接"按键，可以看到 XC-012 已连接。

退出"设置"程序，返回主界面，如图 7-17 所示，点击第一个图标"创新实训终端"，打开程序可以看到，管理控制节点已经与汇聚节点连通，并且温湿度、大气压、光照强度、声音检测、灯光控制等传感器采集数据已经传输到控制节点，如图 7-19 所示。这说明网络已经连通。

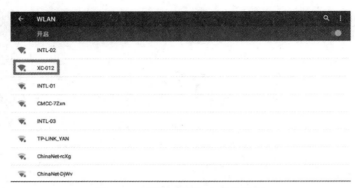

图 7-18　设置过程中出现的界面

图 7-19　管理控制节点中的应用程序界面

　　如果没有连通，可能的一个原因是管理控制节点设置的参数不匹配汇聚节点，需要重新设置网络参数。点击图 7-19 右下角"连接设置"图标，修改管理控制节点内设的端口参数，使之与汇聚节点连接的端口地址（相关程序已内设汇聚节点端口地址为192. 168. 1. 88：8899）匹配。

　　依次点击图 7-19 中的"灯光控制"中的"开启调光""关闭调光"和下面的光照亮度移动条，可以开启、关闭执行节点连接的灯光，调整灯光亮度。这只是用灯光控制说明，控制节点不仅可以通过传感器获取环境参数，还可以向网络中的受控传感器发出指令，数据传输是双向的。

　　点击图 7-19 中的"联动设置"，勾选"声光联动"，则灯光的开启可以受到声音传感器数据的控制。本实验声音检测传感器只有"有声音""无声音"两种状态。声音节点将状态数据传输给管理控制节点，由管理控制节点程序根据数据发出指令，控制调光灯模块改变调光灯状态。设置联动以后，"有声音"使灯光开启，"无声音"关闭灯光。这说明，我们可以通过设计，使传感器网络中的一种传感器节点控制另一种执行器节点。例如，室内温度超过 35℃，温度控制器通过联动，启动空调控制器开启空调。

7.4 实验二：物联网定位 &GPRS 模块使用说明

本实验用定位 &GPRS 模块来采集本地经纬度坐标。定位模块并不属于传感器网络，这个实验只是说明，传感器的种类很多，只要选择适当，能够满足很多不同的需求。

将定位 &GPRS 模块与嵌入式网关用排线连接起来，将嵌入式网关串口左侧第一个拨码开关（如图 7-20 底部标注方框所示）拨至右侧（P9），然后将天线连接到模块天线座上（如图 7-21 右侧标注方框所示）。注意，连接排线后，嵌入式网关通过排线会给定位 &GPRS 模块供电，所以模块无须再单独插电源供电。

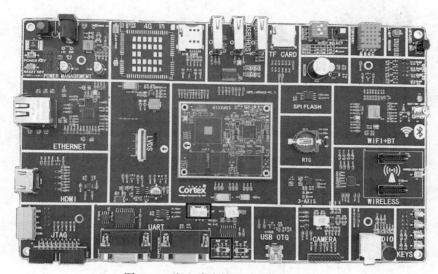

图 7-20 嵌入式中控网关电路板图片

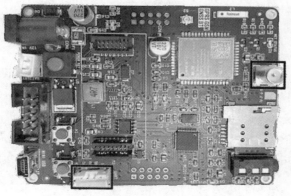

图 7-21 定位 &GPRS 模块电路板图片

启动中控网关，在打开的界面上点击"扩展模块"（如图 7-22 所示），进入扩展模块网络程序。

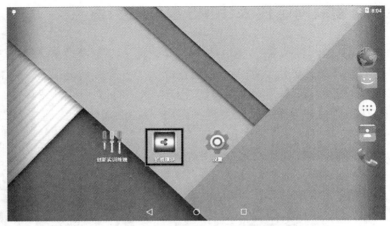

图 7-22　点击图标，打开扩展模块应用

当网络服务连接正常时，会有"数据服务连接成功"的提示，如图 7-23 所示。

图 7-23　扩展模块界面

如果界面提示数据服务连接失败，请检查嵌入式中控网关参数设置中网络连接参数是否正确（数据服务地址默认为 127.0.0.1，端口默认为 8899）。

如果连接正常，选择图 7-23 中"全球定位"图标，进入定位界面，如图 7-24 所示。

查看定位模块上的 D2 灯（如图 7-25 中间标注方框所示）有没有熄灭，如果没有熄灭，点击红色复位按键（如图 7-25 左侧标注方框所示），直至 D2 灯熄灭，模块正式进入工作状态。

图 7-24　全球定位应用程序界面

图 7-25　定位模块电路板图片

点击图 7-24 界面中的"启动定位模块"图标，程序将自动发送启动测试指令，回应 OK（如图 7-26 左侧标注方框所示），表示正常启动。

图 7-26　全球定位应用程序界面

勾选"自动获取定位数据"(如图 7-27 右侧标注方框所示),程序将自动发送查询定位指令(如图 7-27 左侧标注方框所示)。

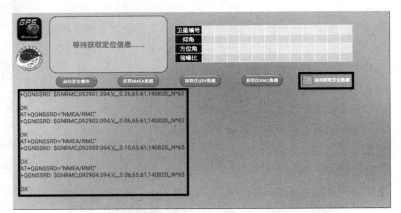

图 7-27　全球定位应用程序界面

当获取到定位信息后,程序将自动显示出经纬度坐标以及实时时间(如图 7-28 左上标注方框所示)。

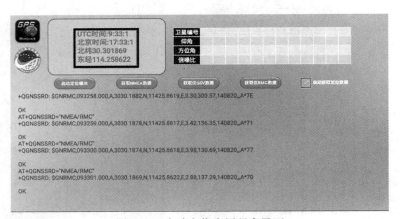

图 7-28　全球定位应用程序界面

点击图 7-28 中"获取 NMEA 数据"图标,可以查看实时搜索到的卫星情况(如图 7-29 右上标注方框所示)。

NMEA 是一种数据格式。NMEA 是 National Marine Electronics Association 的缩写,是美国国家海洋电子协会的简称,现在是 GPS 导航设备统一的 RTCM 标准协议。

对于通用 GPS 应用软件,需要一个统一的数据格式标准。NMEA-0183 数据标准就是解决这类问题的方案之一。NMEA 协议是为了在不同的 GPS 导航设备中建立统一的 RTCM (海事无线电技术委员会)标准,最初由美国国家海洋电子协会制定。

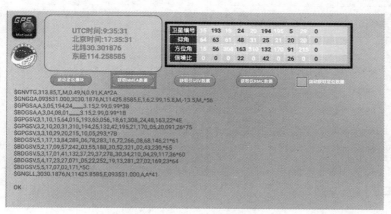

图 7-29　全球定位应用程序界面

GSV、RMC 也是不同的 GPS 数据格式。

GPS 接收模块收到不同方位的卫星信息，通过解算，得到定位坐标经纬度，然后根据不同的要求，将解算结果以不同的数据格式组织、输出（如图 7-28 左上标注方框所示）。

7.5　实验三：上位机 PC 端无线传感器网络管理软件

作为传感器网络的应用者，我们更在乎数据的获得，只有获得了环境原始数据，我们才能应用我们的专业知识进行数据处理、数据分析、数据可视化，真正用好数据。我们需要将数据导入我们的计算机。

PC 机也可以是管理控制节点，与网关节点通过无线（也可以是有线）连接。这样，我们就可以通过编程，直接连接传感器网络获取数据。

本实验使用的网关节点是智能异构无线网关，它的通信模块中有一个 WiFi 的 AP，它的 WiFi 名和 Password 已在硬件上标明。PC 机可以通过无线网络与之相连。

点击电脑右下方无线网络标记，列出所有可用 WiFi 无线网络。如果我们的 PC 机与智能异构无线网关处在有效通信距离内，就能看到可用的 WiFi 无线网络中有一个名为 XC-011 的无线网络，这就是智能异构网关通信模块中的 WiFi 的 AP。选择 XC-011，输入 Password，我们的 PC 机就与传感器网络汇聚节点建立了连接。

建立了逻辑通道，还需要双方有对应的数据传接程序。本实验套件给我们提供了 PC 机上使用的配套程序。

打开光盘，在目录"烧写及安装程序"中，找到"无线传感器网络管理终端 v3. 30. exe"软件。打开它，程序界面如图 7-30 所示。

在该界面上，点击"设置"按钮，在弹出的窗口中，设置程序内置地址。方法是：分别选择"网络连接"，根据物联网中间件信息，填写 IP 地址与端口号。最后点击"确认"，完成设置。如图 7-31 所示。

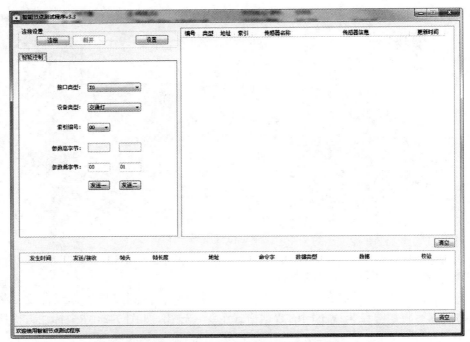

图 7-30　PC 机端传感器网络管理程序界面

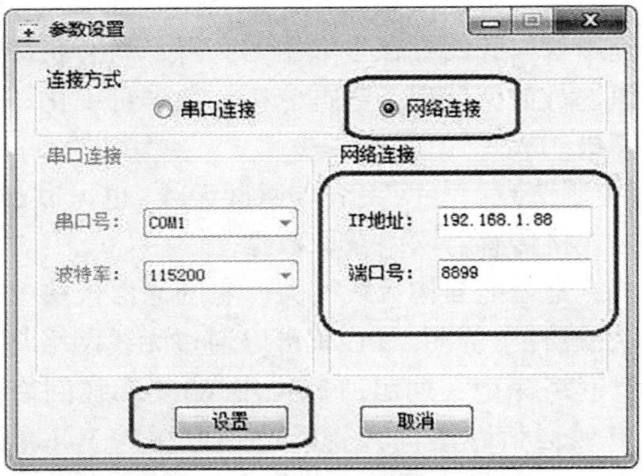

图 7-31　设置 PC 机端网络地址

　　在图 7-30 所示程序界面上，点击"连接"按钮，如果 PC 与智能异构网络内部"物联网中间件"网络连接正常，那么"连接"按钮变为灰色，表示连接成功。

　　如果此时其他智能节电已通电，并连接好传感器，则可以看到传感器长传数据（如图 7-32 所示）。

　　软件界面下方窗口显示的是未解析的通信数据，是原始的数据帧。界面右上窗口显示的是解析后的数据。

　　这个程序是开发商提供的例子程序，采集的环境数据直接显示在图表中。这个例子程序与我们在 ZigBee 实验时使用和修改过的终端程序是类似的。如果我们要获取并保存环

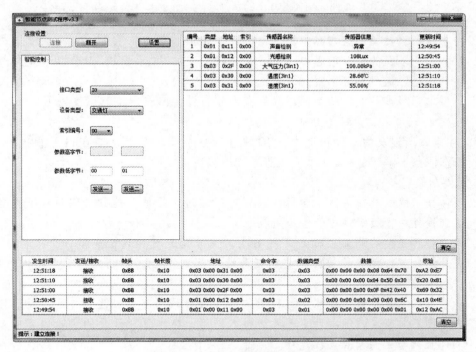

图 7-32　PC 机端程序接收数据界面

境数据，需要按照 ZigBee 实验时类似的方法修改例子程序。修改方法已经在 ZigBee 实验时详细介绍并实验过，这里不再赘述。

◎ **本章习题**

一、填空题

1. 在本章所涉及的实验内容中，机器之间的连接是通过(　　　)实现的。

2. 在本章所涉及的实验内容中所使用的套件，任务管理节点是(　　　　　　　)或(　　　　　)，汇聚节点是(　　　　　　)，终端节点是(　　　　　)。

3. 在本章所涉及的实验内容中，两个传感器节点分别是(　　　　　　　　)和(　　　　　　　　　)，执行器节点是(　　　　　　　　)。

4. 在本章所涉及的实验内容中，区别各小组不同网络的参数是(　　　)，同一个网络内各个节点都要设置相同的(　　　)，不同小组各个不同的网络，其(　　　)不能相同。

5. 本章所涉及的实验套件中，汇聚节点和终端节点都提供了多种无线通信模式，可以在参数设置小屏幕上进行选择设置。一个网络内各个节点无线通信模式必须(　　)，在本章所涉及的实验内容中，我们使用(　　　)模式。

6. 本章所涉及的实验套件中的定位模块能够接收当前(　　　　)传来的定位信息，并据此解算出定位模块所在点的经纬度。

7. 在本章所涉及的实验内容中，定位模块与 iPad 平板电脑采用(　　　)连接方式。

8. 在本章所涉及的实验内容中，iPad 平板电脑上的"扩展模块"软件接收定位模块提供的信息，通过解算，得到的定位信息有(　　　)、(　　　)、(　　　)三个参数。

9. 运用本章所涉及的实验套件，我们在野外布置传感器网络时，可以用(　　　　)连接(　　　　)来测量每个终端节点的地理坐标。

10. 在本章所涉及的实验内容中，PC 机作为任务管理节点，与 iPad 平板电脑一样，通过(　　　)无线通信方式与汇聚节点连接并交换数据。

二、判断题

1. 硬件技术的发展，使网络参数的设置可以通过数据输入的方式实现，不再需要烧写到硬件中，极大地方便了应用。　　　　　　　　　　　　　　　　(　　)

2. 调光灯所连接的调光面板是一种 DTU，它与调光灯相连构成了一个执行器节点，它与汇聚节点无线连接，接收由任务管理节点发出、并由汇聚节点转发的指令，将指令交给执行器执行。　　　　　　　　　　　　　　　　　　(　　)

3. 终端节点本来应该通过节点的 DTU 与无线接入网络基站相连，并通过无线接入网络连接汇聚节点。但由于缺乏无线接入网络，在本章所涉及的实验内容中，节点DTU 直接与汇聚节点无线连接。　　　　　　　　　　　　　　　(　　)

4. 在本章所涉及的实验内容中，作为汇聚节点的智能异构网关本身具有无线通信能力，不需要再接一个 DTU。　　　　　　　　　　　　　　　　　(　　)

5. 由于有无线接入网络帮助连接，M2M 传感器网络中的远程终端节点，都能够直接连接汇聚节点，形成一个以汇聚节点为中心的星型网络。因此，M2M 传感器网络都是星型结构，免除了多跳、路径选择、数据融合等多种麻烦事情，网络更加简单、高效。　　　　　　　　　　　　　　　　　　　　　　(　　)

6. 在本章所涉及的实验套件中，智能节点和智能异构网关有多种无线通信方式可以选择作为两者之间的数据传输方式。双方选择的通信方式必须一致。　(　　)

7. 在本章所涉及的实验套件中，定位模块也是传感器网络中的一个终端节点。
　　　　　　　　　　　　　　　　　　　　　　　　　　　　　(　　)

8. 在本章所涉及的实验套件中，定位模块能够与 PC 机进行无线通信，并向 PC 机传输所测量的定位坐标数据。　　　　　　　　　　　　　　　　　(　　)

9. 在本章所涉及的实验套件中，任务管理节点和智能异构网关有多种无线通信方式可以选择作为两者之间的数据传输方式。双方选择的通信方式必须一致。(　　)

10. 在本章所涉及的实验内容中，任务管理节点和智能异构网关通过 WiFi 无线通信方式进行数据传输，其中，任务管理节点把自己设置为热点，由智能异构网关寻找并连接热点。　　　　　　　　　　　　　　　　　　　　　(　　)

11. 在本章所涉及的实验套件中，iPad 作为任务管理节点时，它所运行的数据接收程序没有记录传感器网络所测量环境数据的功能。　　　　　　　　(　　)

12. 在本章所涉及的实验套件中，PC 机作为任务管理节点时，套件所提供的数据接收程序能够以磁盘文件的形式向用户提供它所记录的传感器网络测量环境数据。

（　　）

三、名词解释

嵌入式中控网关　智能异构网关　智能节点　NMEA 数据

四、问答题

1. 通过两次实习对比，说说 M2M 传感器网络与 ZigBee 传感器网络有何不同。

2. M2M 传感器网络节点还需要烧制程序吗？网络参数如何设置？以我们的实习为例。

3. M2M 传感器网络与 ZigBee 传感器网络在网络结构上有何不同？

参 考 文 献

［1］360 百科．传感器（检测装置）［EB/OL］．［2022-03-27］．https：//baike. so. com/doc/5344478-5579923. html.

［2］冯涛，郭显．无线传感器网络［M］．西安：西安电子科技大学出版社，2017.

［3］王殊，阎毓杰，胡富平，等．无线传感器网络的理论及应用［M］．北京：北京航空航天大学出版社，2007.

［4］Waltenegus D，Christian P. 无线传感器网络基础［M］．孙利民，张远，刘庆超，等译．北京：清华大学出版社，2014.

［5］百度图片．传感器［EB/OL］．［2022-03-27］．https：//image. baidu. com/search/index? tn＝baiduimage&ipn＝r&word＝传感器.

［6］邱铁，夏锋，周玉编．STM32W108 嵌入式无线传感器［M］．北京：清华大学出版社，2014.

［7］Calhoun B H，Daly D C，Verma N，et al. Design considerations for ultra-low energy wireless microsensor nodes［J］. IEEE Transactions on Computers，2005，54（6）：727-740.

［8］Pottie G J，Kaiser W J. Wireless integrated network sensors［J］. Communications of the ACM，2000，43：51-58.

［9］杨博雄，妮玉华．无线传感网络［M］．北京：人民邮电出版社，2015.

［10］Ian F A，Mehmet C V. 无线传感器网络［M］．徐平平，刘昊，褚宏云，等译．北京：电子工业出版社，2013.

［11］青岛东合信息技术有限公司．无线传感器网络技术原理及应用［M］．西安：西安电子科技大学出版社，2013.

［12］王汝传，孙力娟，等．无线传感器网络技术及应用［M］．北京：人民邮电出版社，2011.

［13］暴建民，杨震．物联网技术与应用导论［M］．北京：人民邮电出版社，2011.

［14］许毅，陈立家，甘浪雄，等．无线传感器网络技术原理及应用［M］．2 版．北京：清华大学出版社，2015.

［15］高泽华，孙文生．物联网体系结构、协议标准与无线通信［M］．北京：清华大学出版社，2020.

［16］Mohammad S O，Sudip M. 无线传感器网络原理［M］．吴帆，刘生钟，傅新喆，等译．北京：机械工业出版社，2017.

［17］易飞，余刚，何凌，等．GPRS 网络信令实例详解［M］．北京：人民邮电出版社，2013.

[18]（Bud）Bates R J. 通用分组无线业务（GPRS）技术与应用［M］. 朱洪波，沈越泓，蔡跃明，等译. 北京：人民邮电出版社，2004.

[19]八子知礼. 揭秘 IoT 原理、系统与机制［M］. 蔡晓智，译. 北京：中国青年出版社，2020.

[20]谷红勋. 互联网接入——基础与技术［M］. 北京：人民邮电出版社，2002.

[21]Zach S，Carsten B. 6LoWPAN：无线嵌入式物联网［M］. 韩松，魏逸鸿，陈德基，等译. 北京：机械工业出版社，2015.

[22]谢运洲. NB-IoT 技术详解与行业应用［M］. 北京：科学出版社，2017.

[23]熊保松，李雪峰，魏彪. 物联网 NB-IoT 开发与实践［M］. 北京：人民邮电出版社，2020.

[24]屈军锁. 物联网通信技术［M］. 北京：中国铁道出版社，2020.

[25]于子凡. 计算机网络原理与应用［M］. 武汉：武汉大学出版社，2018.

[26]彭力. 无线传感器网络原理与应用［M］. 西安：西安电子科技大学出版社，2014.

[27]崔逊学，左从菊. 无线传感器网络简明教程［M］. 2 版. 北京：清华大学出版社，2009.

[28]李猛哲. D-S 证据理论学习笔记（一）［EB/OL］.（2015-09-30）［2022-10-27］.https://blog. csdn. net/am45337908/article/details/48832947.

[29]百度百科. 理学领域术语:统计决策理论［EB/OL］.［2022-10-27］. https://baike. baidu. com/item/统计决策理论/4298908？fr＝aladdin.

[30]百度百科. 理学领域术语:模糊逻辑［EB/OL］.［2022-11-7］.https://baike. baidu. com/item/模糊逻辑/6132353？fr＝aladdin.

[31]百度百科. 理学领域术语:产生式表示法［EB/OL］.［2022-11-8］.https://baike. baidu. com/item/产生式表示法/9877764？fr＝aladdin.

附录　部分习题参考答案

第1章

一、填空题

1. 被测物理量　被测量转换成可用信号
2. 无线通信部件　应用软件　标准接口
3. 汇聚　路由　终端
4. 静止或移动的　自组织和多跳
5. 传感器节点
6. 路由节点接力
7. 广　多
8. 自动建立并记录
9. 网络拓扑结构
10. 硬件　软件
11. 哪个具体的传感器节点
12. 功耗低　体积小　价格便宜
13. 共同实现对目标的感知并且共同完成
14. 功能分层，子系统
15. 每一层的基本功能
16. 具体功能
17. 网络拓扑管理
18. 节点功率控制
19. 远程控制管理
20. 远程控制
21. 网络安全
22. 路由节点　终端节点
23. 移动管理
24. 任务管理

二、判断题

错 对 对 错 对　　对 对 对 对 错　　对 对 对 错 对　　对 对 对 错 对　　对 对 错

184

第 2 章

一、填空题

1. 制作方法

2. 技术进步

3. 微型化

4. 一次性　非常大

5. 恶劣的环境

6. 机密性　完整性

7. 灵活

8. 扩展

9. 数据采集单元　数据处理单元　数据传输单元　电源管理单元

10. 传感器部件　DTU

11. 物理传感器　化学传感器　生物传感器

12. 随机存储器　只读存储器

13. 随机　丢失　只读　仍被保留

14. 昂贵　大　少用　便宜　小　多用

15. 数据传输

16. 数据处理单元　数据传输单元　电源管理单元

17. 不同

18. 必要的电子元件　电压值电源

19. 支持休眠

20. 休眠　能耗　传感器节点生命周期

二、判断题

对 对 对 对 对　　对 错 对 错 错　　对 错 对 对 对　　对 对 对 对 对

第 3 章

一、填空题

1. 编程实现　烧制

2. 物理层　数据链路层

3. 物理层

4. 信号　信号　接收到的信号

5. 数据帧

6. 振幅　频率　相位

7. 高频调制信号

8. 高频调制信号

9. 载波的调制参数

10. 建立一条无线通信通道，在节点之间传输数据

11. 连接关系

12. 连接关系

13. 汇聚节点

14. 本地时钟

15. 时间同步

16. 将本地时钟调整到与某个时钟源一致　不改变本地计时系统的时间，只记录本地时钟与时钟源的差异值

17. 已知坐标位置

18. RSSI　通信参数

19. 3　4

20. 高　大　远　高　复杂

二、判断题

错 对 对 对 对　　对 对 错 对 对　　对 错 对 对 对　　对 对 对 错 对　　对 对 对

第 4 章

一、填空题

1. 传感器网络

2. IEEE 802.15.4 标准

3. 应用支持子层

4. 2.4GHz　16　5MHz

5. 星状　树状　网状

6. 协调器　路由器　终端

7. 全　精简

8. 协调器

9. 路由器

10. 路由器

11. 终端设备

12. 信标

13. 非信标

14. 扩展地址　短地址　终端地址

15. MAC

16. 多　一

17. 网络建立

18. 端口号

19. 源码　函数

20. CC2430 芯片

二、判断题

错 错 错 错 对　　对 对 对 对 对　　对 对 对 错 对　　对 对 对 对

第 5 章

一、填空题

1. 网络协调器

2. 野外

3. SmartRF Flash Programmer　CC_Debugger 烧写器　按下　松开

4. 网络 ID 号　通道号

5. 物理地址

6. IAR Embedded Workbench　SappWsn. eww

7. 灯光调节节点　温湿度节点　亮度节点

8. SappWsn. eww 工程文件

9. 物联网网络终端(单一传感器)v3. 2. exe

10. 网络测试程序 v1. 0. exe

11. SmartTest 项目　VS2010C#　SappWsn. eww 工程文件

12. 组号　节点号

13. 密集　稀疏

14. 短

15. 地理经纬度坐标，测量时间

二、判断题

对 对 错 错 对　对 对 错 对 对　对 对 对 对　对 对

第 6 章

一、填空题

1. 计算机网络

2. 延伸和拓展

3. 机器对机器　人对机器　机器对人　移动网络对机器

4. 无线

5. 电话机　模拟语音信号　电路交换　数据　分组交换

6. 无线接入

7. 相同

8. 高　快　窄带　低速

9. 少

10. LoRa 网络　NB-IoT 网络

11. ISM

12. 注册　付费

二、判断题

对 对 对 对 对　对 对 对 对 对　对 对 对 对　对 对 对

第 7 章

一、填空题

1. DTU

2. 安装了 Android 操作系统的 iPad 平板电脑　PC 计算机　智能异构网关　智能节点+传感器或执行器

3. 智能节点+声音光照传感器　智能节点+温湿度大气压力传感器　调光面板+调光灯模块

4. 小组编号　小组编号　小组编号

5. 相同　LoRa

6. 过顶卫星

7. 有线

8. 时间　经度　纬度

9. iPad　定位模块

10. WiFi

二、判断题

对 对 对 对 对　对 错 错 错 错　对 错